《农业主要外来入侵植物图谱》

（第七辑）

著 者 名 单

付卫东　张国良　王忠辉　宋　振

张　岳　袁至立　孙承宇　王　伊

内容提要

《农业主要外来入侵植物图谱》包括农业农村部、自然资源部、生态环境部、住房和城乡建设部、海关总署和国家林草局2022年共同制定的《重点管理外来入侵物种》，农业农村部和海关总署联合发布的《中华人民共和国进境植物检疫性有害生物名录》，环境保护部（现生态环境部）（2003—2016）发布的《中国外来入侵物种名单》中的外来入侵植物，以及近年来危害我国农业生产和自然生态环境较为严重，同时也是公众关注的外来入侵植物。

本辑50种外来入侵植物包括柳叶菜科2种、唇形科2种、大戟科2种、马鞭草科3种、十字花科3种、茄科3种、禾本科4种、豆科9种、菊科8种及其他科14种。每个物种按照植物全生育期形态特征排列，以入侵植物植株、根、茎、叶、花、果以及危害照片为主，辅以文字描述。为了便于使用者在野外调查工作时进行物种之间的鉴别，将主要入侵植物的近似种，按照相似的生长环境、形态特征、花期和果期列出，尽量把它们放在一起描述。最后重点注明容易混淆的植物特征。

本书中照片来自著者及其团队成员多年野外调研拍摄资料。由于掌握资料有限，对入侵植物的形态描述和物种之间的比较，难免存在不足和疏漏之处，恳请广大读者指正、反馈，便于修正后续分辑。

著　者

2025 年 4 月

前　言

外来入侵物种防控是维护国家生物安全的重要内容，外来物种入侵与全球气候变化并列为当今两大全球性环境问题。我国外来物种入侵形势非常严峻，目前已初步确认外来入侵植物种类 400 多种，对我国农业生产与生态环境造成了巨大破坏。不但影响生物多样性还严重威胁人类健康，并且造成极大的经济损失。由于外来入侵植物空间分布、扩散途径及危害程度等相关基础信息严重匮乏，对其科学有效预防与控制成为难点。掌握第一手资料，做好本底调查，明确每一种外来入侵植物的入侵途径、扩散传播特征、危害程度等，是科学预防与控制外来入侵植物的基础。

《农业主要外来入侵植物图谱》系列丛书，是一套口袋书形式的实用工具书，方便携带，可为基层农业技术人员快速识别田间入侵植物，开展调查工作提供基础支撑。

本书在撰写过程中得到农业农村部科学技术司、农业农村部农业生态与资源保护总站等单位的大力支持，在此表示衷心感谢！

本书由“农业清洁生产与外来物种管理”政府购买服务项目和国家重点研发计划（2023YFC2605205）项目资助出版。

著　者

2025年4月

目　录

1 二十蕊商陆

【学名】 二十蕊商陆 *Phytolacca icosandra* L. 隶属商陆科 Phytolaccaceae 商陆属 *Phytolacca*（图 1.1）。

【别名】 无。

【起源】 美洲热带地区。

【分布】 中国分布于广东、云南等地。

【入侵时间】 2020 年 5 月在云南省昆明市盘龙区昆明植

图 1.1　二十蕊商陆植株（张国良　摄）

物园发现。

【入侵生境】常生长于农田、路旁、生活区、林缘等生境。

【形态特征】多年生草本或灌木，植株高 1.0 ～ 2.6 m。

根 根粗壮。

茎 茎圆柱形，表皮常具浅凹槽，下部中空（图 1.2）。

图 1.2　二十蕊商陆茎（张国良 摄）

叶 单叶互生或近对生或每节簇生状；叶柄正面具凹槽，下面圆形，长 1.5 ~ 3.5 cm，直径 0.2 ~ 0.3 cm；叶片呈椭圆至卵圆形，长 7 ~ 20 cm，宽 3 ~ 10 cm，纸质，先端急尖或渐尖，全缘，基部（宽）楔形，叶光滑无毛；羽状叶脉，主脉明显，正面下凹，背面明显凸起，二级脉 7 ~ 15 对，近平行，在近叶缘处结合，三级脉正面不明显，背面呈网状（图 1.3）。

图 1.3　二十蕊商陆叶（张国良 摄）

花 花序茎生、顶生或与叶簇对生，花序梗长约 8 cm；总状花序紧密偶松散，初时较柔软但不下垂，果期花序直立，花序轴延长，花序轴呈淡绿色或红色，呈圆柱形，长 7 ~ 26 cm，直径 3 ~ 4 cm；花梗较短，长 0.1 ~ 0.4 cm，苞片呈钻形，长约 1.2 cm，宽约 0.1 cm；花被片 5 ~ 6 片，暗红色、粉色至淡黄绿色，呈倒卵形、卵圆形、椭圆形至披针形，形状大小不等（常 3 枚大，2 枚小），长 0.4 ~ 0.5 cm，宽 0.1 ~ 0.3 cm，宿存；雄蕊 2 轮，14 ~ 20 枚，花丝宿存；子房呈扁球形，合生心皮 7 ~ 10 枚，外表皮可见心皮凹痕，花柱长 0.1 ~ 0.3 cm，先端外弯，宿存（图 1.4）。

图 1.4　二十蕊商陆花（张国良　摄）

果 浆果呈近球形，直径约 0.9 cm，幼时绿色，成熟时紫黑色；种子呈近球形，种脐一侧突出，黑色，直径约 0.3 cm，外表光滑（图 1.5）。

图 1.5　二十蕊商陆果（张国良 摄）

1 二十蕊商陆

【主要危害】二十蕊商陆的茎具一定的蔓性，叶片宽阔，能覆盖其他植物，具化感作用，可抑制其他植物生长；生长迅速，竞争力强，易形成单一优势种群，降低入侵地生物多样性（图 1.6）。

图 1.6 二十蕊商陆危害（张国良 摄）

【控制措施】加强引种管理；风险评估，确定适生区域，进行风险管控；若野外发现逸生种群，应加强监测，控制其范围；可选择草甘膦等除草剂进行化学防治。

2 巴西莲子草

【学名】巴西莲子草 *Alternanthera brasiliana*（L.）Kuntze 隶属苋科 Amaranthaceae 莲子草属 *Alternanthera*（图 2.1）。

【别名】无。

【起源】南美洲。

【分布】中国分布于云南、福建、广东、海南、澳门等地。

图 2.1　巴西莲子草植株（张国良 摄）

2 巴西莲子草

【入侵时间】 1976 年首次在北京采集到该物种标本。

【入侵生境】 常生长于路边、荒地、生活区、绿化带等生境。

【形态特征】 一年生或多年生草本植物，植株高 50 ~ 60 cm。

茎 茎直立，幼时密被长柔毛，后渐无毛（图 2.2）。

图 2.2　巴西莲子草茎（张国良　摄）

叶 叶无柄；叶片呈卵形至披针形，长 1 ～ 7 cm，宽 0.7 ～ 1.0 cm，草质，被长柔毛（图 2.3）。

图 2.3　巴西莲子草叶（张国良 摄）

2 巴西莲子草

花 头状花序顶生或腋生，具花序梗；花白色，呈球形，直径 0.7～1.0 cm；苞片呈龙骨状，短于或等长于花被片。花被片同形，绿色至淡黄色，披针形，长 3～4 mm，先端渐尖，被长柔毛（毛不具倒钩）；雄蕊 5 枚；假退化雄蕊呈舌状，边缘呈流苏状（图 2.4）。

图 2.4　巴西莲子草花（张国良　摄）

果 胞果包被于宿存花被内，褐色，呈椭圆体形，长 2 mm，顶端急尖。种子呈卵状长圆形，长 1.4 mm。

【主要危害】 排挤本地物种，形成单一优势种群，破坏入侵地生态系统，影响植物多样性（图 2.5）。

【控制措施】 加强管理，规范苗木交易市场，防止因有意引种或无意携带等因素扩散至其他区域。野外发现野生群落应及时铲除。

图 2.5　巴西莲子草危害（张国良　摄）

3 木麒麟

图 3.1　木麒麟植株
（王忠辉　摄）

【学名】 木麒麟 *Pereskia aculeata* Mill. 隶属仙人掌科 Cactaceae 木麒麟属 *Pereskia*。

【别名】 叶仙人掌、虎刺。

【起源】 中美洲、南美洲北部及东部、西印度群岛。

【分布】 中国分布于福建、广东、广西及云南等地。

【入侵时间】 最早于 1957 年在福建采集到该物种标本。

【入侵生境】 喜温、潮湿和阳光充足的环境，较耐寒、耐半阴和高温。常生长于路边、林地或果园等生境。

【形态特征】 多年生攀缘灌木植物，高 3 ~ 10 m（图 3.1）。

茎 基部主干直径达 2 ~ 3 cm，灰褐色，表皮纵裂；分枝多数，呈圆柱状，具长的节间，绿色或带红褐色，无毛；小窠生叶腋，垫状，直径 1.5 ~ 2.0 mm，具灰色或淡褐色绒毛，于老枝上增大并突起呈结节状，直径达 15 mm，具 1 ~ 6 (~ 25 ） 根刺；刺呈针状至钻形，长 1 ~ 4(~ 8) cm，褐色，在攀缘枝上常成对着生并下弯成钩状，较短（图 3.2）。

图 3.2　木麒麟茎（王忠辉 摄）

叶 叶片呈卵形、宽椭圆形至椭圆状披针形，长 4.5 ~ 7.0（~ 10.0）cm，宽 1.5 ~ 5.0 cm，先端急尖至短渐尖，边缘全缘，基部呈楔形至圆形，稍肉质，无毛，正面绿色，背面绿色至紫色；侧脉每侧 4 ~ 7 条，在叶片正面稍下陷或平坦，于背面略突起；叶柄长 3 ~ 7 mm，无毛（图 3.3）。

图 3.3　木麒麟叶（王忠辉 摄）

花 花于分枝上部组成总状或圆锥状花序，辐状，芳香，直径 2.5 ～ 4.0 cm；花梗长 5 ～ 10 mm；花托外面散生披针形至线状披针形叶质鳞片及腋生小窠，鳞片长 8 ～ 25 mm，宽 2 ～ 6 mm，小窠具黄褐色至淡灰色绒毛和细刺；萼状花被片 2 ～ 6 片，呈卵形至倒卵形，长 12 ～ 15 mm，宽 4 ～ 8 mm，先端急尖或圆形，有时具小尖头，淡绿色或边缘近白色；瓣状花被片 6 ～ 12 片，呈倒卵形至匙形，长 15 ～ 23 mm，宽 6 ～ 8 mm，先端圆形、截形或近急尖，有时具小尖头，白色，或略带黄色或粉红色；雄蕊多数，无毛；花丝长 5 ～ 7 mm，白色；花药呈椭圆形，长 1.0 ～ 1.2 mm，黄色；雌蕊无毛，子房上位；少数胚珠着生于侧膜胎座下部呈基底胎座状；花柱长 10 ～ 11 mm，直径 1 ～ 2 mm，白色；柱头 4 ～ 7 枚，直立，长 3 ～ 4 mm，白色。

果 浆果淡黄色，呈倒卵球形或球形，长 1 ～ 2 cm，具刺。种子 2 ～ 5 粒，呈双凸镜状，黑色，平滑，直径 4.5 ～ 5.0 mm，厚 1.4 ～ 1.6 mm；种脐略凹陷。

【主要危害】 当前在中国危害程度较轻。但在南非，由于该植物生长迅速，对本地森林造成了严重的危害。

【控制措施】 该植物极难防控和根除。在南非一些地区引入昆虫天敌进行生物防治。

4 密花独行菜

【学名】密花独行菜 *Lepidium densiflorum* Schrad. 隶属十字花科 Brassicaceae 独行菜属 *Lepidium*（图 4.1）。

【别名】琴叶独行菜。

【起源】北美洲。

【分布】中国分布于北京、河北、辽宁、吉林、黑龙江、山东等地。

图 4.1　密花独行菜植株（张国良 摄）

【入侵时间】 密花独行菜最早被错误鉴定为北美独行菜，收录于《东北植物检索表》(1959 年);《东北草本植物志》(1980 年)收录该物种并予以澄清，记载其分布于东北三省;《中国杂草志》(1998 年)有记载;《中国外来入侵物种编目》(2004 年)将其列为外来入侵物种。1931 年首次在辽宁采集到该物种标本。

【入侵生境】 常生长于农田、沙地、海滨、路边等生境。

【形态特征】 一年生草本植物。植株高 10 ~ 30 cm。

茎 **茎单一，直立，上部分枝，具疏生柱状短柔毛**(图 4.2)。

图 4.2　密花独行菜茎（张国良　摄）

4 密花独行菜

叶 基生叶呈长圆形或椭圆形，长 1.5 ～ 3.5 cm，宽 5 ～ 10 mm，顶端急尖，基部渐狭，羽状分裂，边缘有不规则深锯齿；叶柄长 5 ～ 15 mm；茎下部及中部叶呈长圆披针形或线形，边缘有不规则缺刻状尖锯齿，有短叶柄；茎上部叶呈线形，边缘疏生锯齿或近全缘，近无柄；所有叶片正面无毛，背面有短柔毛。

花 总状花序顶生，密生多数小花，果期伸长；萼片呈卵形，长约 0.5 mm；无花瓣或花瓣退化成丝状，远短于萼片；雄蕊 2 枚（图 4.3）。

图 4.3　密花独行菜花（张国良　摄）

果 **短角果呈圆状倒卵形，长 2.0 ~ 2.5 mm，顶端圆钝，微缺，有翅，无毛。种子呈卵形，长约 1.5 mm，黄褐色，有不明显窄翅。**

【主要危害】密花独行菜在原产地北美地区为常见杂草，在俄罗斯和日本被列为入侵植物。密花独行菜在入侵地局部地区易形成单一种群，影响本地植物生长和生态环境。密花独行菜在中国分布于东北三省，以及华北地区的河北、山东一带。可能扩散的区域包括东北、华北以及西北各地。

【控制措施】耕作防除，在植物株成熟前人工或机械清除；也可选择使它隆、二甲四氯等除草剂防控。

5 南美独行菜

【学名】南美独行菜 *Lepidium bonariense* Linn. 隶属十字花科 Brassicaceae 独行菜属 *Lepidium*。

图 5.1　南美独行菜植株（张国良　摄）

【别名】无。

【起源】南美洲。

【分布】中国分布于福建、云南、台湾等地。

【入侵时间】2010年首次在台湾采集到该物种标本，此后在福建（2014年）、云南（2021年）有标本采集记录。

【入侵生境】常生长于农田、海滨、路边等生境。

【形态特征】一年生或二年生草本植物，高 20 ~ 50 cm（图 5.1）。

茎 茎直立，呈圆柱形，绿色，在基部或中部以上分枝，被短柱状毛（图 5.2）。

图 5.2 南美独行菜茎（张国良 摄）

叶 基生叶二回至三回羽状分裂，具蓝灰色粉霜，长 5 ~ 16 cm，裂片呈宽线型，约 2 mm；叶柄长 1.5 ~ 4.0 cm，叶中央及边缘具柱状毛。茎生叶互生，叶柄长 0. 5 ~ 1.0 cm，叶片一回至二回羽状分裂（图 5.3）。

图 5.3　南美独行菜叶（张国良 摄）

花 总状花序果期延长，花两性，萼片 4 枚，呈卵状披针形，仅一枚被毛，毛被出现位置与花梗的毛被同侧；花瓣白色，细小，雄蕊 2 枚（图 5.4）。

图 5.4　南美独行菜花（张国良　摄）

果 短角果呈卵形或近圆形，扁平，无毛，长2～3 mm，宽约2 mm，顶端微缺，宿存花柱极短。种子呈卵形，长约1.5 mm，黄褐色，具翅状边。

【主要危害】 南美独行菜竞争力强，在入侵地局部地区易形成单一优势种群，影响本地植物生长和生态环境。

【控制措施】 耕作防除；若发现野生种群应及时铲除；可选择使它隆、二甲四氯、草甘膦等除草剂防控。

6 两栖蔊菜

【学名】两栖蔊菜 *Rorippa amphibia* Besser 隶属十字花科 Brassicaceae 蔊菜属 *Rorippa*。

【别名】无。

【起源】欧洲。

【分布】中国分布于黑龙江、辽宁等地。

【入侵时间】于 2006 年 6 月在辽宁被发现。

【入侵生境】常生长于路边、草坪、绿化带、河岸、农田、菜地、果园、林地等生境。

【形态特征】多年生草本植物，植株高 30 ~ 90 cm（图 6.1）。

图 6.1 两栖蔊菜植株（张国良 摄）

根 根系发达，主根长而粗，具少数分枝，其上密布须根。

茎 茎直立，具纵条纹，具少数分枝，稀被茸毛（图 6.2）。

图 6.2　两栖蔊菜茎（王忠辉 摄）

叶 叶片呈长椭圆形至短椭圆形，长 3 ～ 6 cm，边缘有不整齐的锯齿但不分裂，无毛，于果期枯萎；基生叶和茎下部叶略大，基部渐狭成叶柄状；中部以上的叶渐小，基部呈耳状抱茎（图 6.3）。

图 6.3　两栖蔊菜叶（王忠辉 摄）

花 总状花序顶生，长 7 ~ 12 cm，相互排列成圆锥花序；花梗 6 ~ 11 mm；萼片 4 片，长 2 ~ 3 mm；花瓣 4 片，黄色，呈匙形，长 3 ~ 6 mm；雄蕊 6 枚，不超出花瓣；花柱长 1 ~ 2 mm，顶端头状（图 6.4）。

图 6.4 两栖蔊菜花（张国良 摄）

果 角果无毛，呈椭圆形至卵状椭圆形，长 3～4 mm，直径约 1 mm；果瓣无脉纹。种子红褐色，排列成 2 行。

图 6.5　两栖蔊菜危害（张国良　摄）

【主要危害】 两栖蔊菜对土壤要求不高，耐瘠薄，几乎不择环境。侵入草坪后可直接造成草坪杂草化，影响美观；侵入林地后可导致林地生物多样性的丧失。侵入农田（如玉米地）、菜园、果园等生境后，不仅影响作物生长，而且对入侵地作物的品质和产量均造成影响（图 6.5）。

【控制措施】 野外发现应及时拔除。也可选择草甘膦、草胺膦、二甲四氯等除草剂进行化学防治。

7 银荆

【学名】 银荆 *Acacia dealbata* Link 隶属豆科 Leguminosae 金合欢属 *Acacia*。

【别名】 鱼骨槐、鱼骨松。

【起源】 澳大利亚。

【分布】 中国分布于上海、江苏、浙江、福建、湖南、江西、广东、广西、重庆、四川、贵州、云南、台湾等地。

【入侵时间】 1964 年作为薪炭林树种引种到云南昆明种植。1946 年首次在云南采集到该物种标本，此后在广东（1951 年）、海南（1955 年）、广西（1958 年）、贵州（1961 年）有标本采集记录。

【入侵生境】 喜阳光充足、土壤疏松的环境，耐贫瘠、高温、干旱。常生长于河边、荒地、公路沿线、铁路沿线、林缘等生境。

【形态特征】 多年生无刺灌木或小乔木，植株高可达 15 m（图 7.1）。

7 银荆

图 7.1　银荆植株（张国良 摄）

茎枝无刺，嫩枝及叶轴被灰色短绒毛和白霜（图 7.2）。

图 7.2　银荆茎（张国良 摄）

叶 二回羽状复叶，银灰色至淡绿色，嫩叶呈金黄色；叶轴上的腺体位于羽片着生处；羽片 10 ～ 25 对；小叶呈线形，26 ～ 46 对，较细长，长 2.6 ～ 3.5 mm，宽 0.4 ～ 0.5 mm，叶背面或两面被灰白色短柔毛，间距不超过小叶本身的宽度（图 7.3）。

图 7.3　银荆叶（张国良　摄）

花 头状花序，直径 6～7 mm，呈总状或顶生圆锥花序排列，总花梗长约 3 mm，花呈淡黄或橙黄色（图 7.4）。

图 7.4　银荆花（王忠辉　摄）

果 荚果呈长圆形，长 3 ~ 8 cm，宽 7 ~ 12 mm，扁平，无毛，被白霜，红棕色或黑色。种子扁平，种皮硬而光滑（图 7.5）。

图 7.5 银荆果（王忠辉 摄）

【主要危害】 银荆种子萌发力很强，单株结实量大，具化感作用，在人为干扰活动多的地方极易形成优势群落，严重影响当地生物多样性；银荆含单宁酸，有毒，动物误食可致死。

【控制措施】 严格限制引种和栽培后随便遗弃；加强管理和监控，危害面积小时，可在结实前拔除或铲除。

8 毛蔓豆

图 8.1　毛蔓豆植株（①张国良 摄，②王忠辉 摄）

【学名】毛蔓豆 *Calopogonium mucunoides* Desv. 隶属豆科 Fabaceae 毛蔓豆属 *Calopogonium*。

【别名】马来亚毛蔓豆、米兰豆、压草藤。

【起源】南美洲热带地区。

【分布】中国分布于广东、广西、海南、云南及台湾等地。

【入侵时间】20 世纪 30 年代从东南亚引入中国。

【入侵生境】耐旱性较差，不耐寒。常生长于路旁、荒地、果园等生境。

【形态特征】多年生匍匐性草本植物，全株被黄褐色长硬毛（图 8.1）。

茎 被褐色长茸毛，具缠绕性，基部平卧（图 8.2）。

图 8.2　毛蔓豆茎（王忠辉 摄）

叶 羽状复叶具3小叶；托叶呈三角状披针形，长4～5 mm；叶柄长4～12 cm；侧生小叶呈卵形，中央小叶呈卵状菱形，长4～10 cm，宽2～5 cm，先端急尖或钝，基部呈宽楔形至圆形，侧生小叶偏斜；小托叶呈锥状（图8.3）。

图8.3　毛蔓豆叶（王忠辉　摄）

花 花序长短不一，顶端有花 5 ～ 6 朵；苞片和小苞片呈线状披针形，长 5 mm；花簇生于花序轴的节上；萼管近无毛，裂片长于管，呈线状披针形，先端长渐尖，密被长硬毛；花冠淡紫色，翼瓣呈倒卵状长椭圆形，龙骨瓣劲直，耳较短；花药呈圆形；子房密被长硬毛，有胚珠 5 ～ 6 颗（图 8.4）。

图 8.4　毛蔓豆花（①②③王忠辉 摄，④张国良 摄）

果 荚果呈线状长椭圆形，长 2 ～ 4 cm，宽约 4 mm，劲直或稍弯，被褐色长刚毛；种子 5 ～ 6 颗，长 2.5 mm，宽 2 mm（图 8.5）。

图 8.5　毛蔓豆果（①张国良 摄，②王忠辉 摄）

【主要危害】 在大型种植园，可作绿肥，覆盖植物，在引种栽培地逸为野生。由于枝叶繁茂，郁闭度较大，能抑制其他植物的生长，影响入侵地的生物多样性，影响景观（图 8.6）。

图 8.6 毛蔓豆危害（王忠辉 摄）

【控制措施】 加强引种栽培监管，防止逃逸。若野外发现逸生时，应及时铲除。

9 蝶豆

图 9.1　蝶豆植株
（王忠辉　摄）

【学名】 蝶豆 *Clitoria ternatea* L. 隶属豆科 Leguminosae 蝶豆属 *Clitoria*。

【别名】 蓝花豆、蓝蝴蝶。

【起源】 亚洲热带赤道地区。

【分布】 中国分布于上海、浙江、福建、广东、广西、海南、四川、贵州、云南、香港、澳门、台湾等地。

【入侵时间】《岭南大学校园植物名录》（1947 年）和《广州植物志》（1956 年）收录该物种。1917 年首次在广东采集到该物种标本，此后在台湾（1930 年、1932 年）、海南（1932 年）有标本采集记录。

【入侵生境】 喜温暖、耐半阴、不耐贫瘠、畏霜冻。常生长于园林绿地、庭院、海边、旷地、林缘、灌丛等生境。

【形态特征】 多年生攀缘状草质藤本植物（图 9.1）。

茎 茎纤细，被短柔毛（图 9.2）。

图 9.2　蝶豆茎（王忠辉 摄）

叶 奇数一回羽状复叶，具5片或7片小叶；线形托叶小；小叶纸质，呈宽椭圆形，先端钝，微凹，常具细微的小凸尖，两面疏被柔毛或有时无毛；小托叶小，呈刚毛状（图9.3）。

图9.3 蝶豆叶（王忠辉 摄）

花 花单生于叶腋，下垂；2 枚苞片呈披针形；小苞片生于萼筒下，长 5 ～ 8 mm，膜质，近圆形，网脉明显；花萼膜质，有纵脉，5 裂，裂片呈披针形，近等长，先端具凸尖；花冠蓝色、粉红色或白色，长可达 5.5 cm，旗瓣呈宽倒卵形，直径约 3 cm，中央具一白色或橙黄色斑，具短瓣柄，翼瓣呈倒卵状长圆形，龙骨瓣呈椭圆形，均比旗瓣小且具柄，花整体形态似蝴蝶；雄蕊二体（9+1）；子房被短柔毛（图 9.4）。

图 9.4　蝶豆花（王忠辉 摄）

果 荚果扁平，具长喙，种子 6 ～ 10 粒；种子呈长圆形，黑色，种阜显著（图 9.5）。

图 9.5　蝶豆果（王忠辉　摄）

【主要危害】蝶豆蔓生快，种子繁殖快；人、畜误食会出现恶心、呕吐和腹泻等症状。扩散的区域有华东、华南、中南、西南地区（图 9.6）。

图 9.6 蝶豆危害（王忠辉 摄）

【控制措施】加强引种管理和监控；危害面积小时，可在结实前人工拔除。

10 三尖叶猪屎豆

【学名】三尖叶猪屎豆 *Crotalaria micans* Link 隶属豆科 Leguminosae 猪屎豆属 *Crotalaria*。

【别名】黄野百合、美洲野百合、三角叶猪屎豆。

【起源】美洲热带地区。

【分布】中国分布于福建、湖北、湖南、广东、广西、海南、云南、台湾等地。

【入侵时间】1931 年该物种已被引种到中国台湾种植；《中国主要植物图说》(1955 年)、《广州植物志》(1956 年)、《海南植物志》(1965 年)均收录了该物种。1930 年首次在台湾采集到该物种标本，此后在福建(1931 年)、广东(1934 年)、广西(1935 年)有标本采集记录。

【入侵生境】耐贫瘠，适应性强。常生长于路边草地、山坡草丛等生境。

【形态特征】多年生草本或亚灌木，植株高可达 2 m(图 10.1)。

图 10.1　三尖叶猪屎豆植株（张国良 摄）

茎 茎枝粗壮，除叶正面主花冠外，其余各部分均密被锈色贴伏毛（图 10.2）。

图 10.2　三尖叶猪屎豆茎（张国良 摄）

叶 托叶呈线形，甚小；三出掌状复叶，小叶呈椭圆形或长椭圆形，长 5 ～ 7 cm，宽 2 ～ 4 cm，质薄，顶生小叶比侧生小叶大（图 10.3）。

图 10.3　三尖叶猪屎豆叶（张国良　摄）

花 顶生总状花序长 10 ～ 30 cm，具花 20 ～ 30 朵；苞片细小，呈线形，早落，小苞片生于花梗中部以上；花萼近钟形，5 裂，萼齿呈阔披针形；花冠稍长于花萼，黄色，旗瓣呈圆形，直径约 14 mm，先端圆或微凹，基部具胼胝体 2 枚，垫状，翼瓣呈长圆形，长约 13 mm，龙骨瓣中部以上弯曲（图 10.4）。

图 10.4　三尖叶猪屎豆花（张国良 摄）

果 荚果呈长圆形，幼时密被锈色柔毛，成熟后部分不脱落，花柱宿存；种子 20 ～ 30 颗，成熟时黑色，光滑（图 10.5）。

图 10.5　三尖叶猪屎豆果（张国良　摄）

【主要危害】 该物种潜在危害大，以种子繁殖，易侵入自然环境并发展成为优势群落，破坏入侵地生态环境，影响生物多样性。

【控制措施】 加强栽培管理。防止侵入自然环境；若发现野外逸生种群应及时拔除或铲除，并注意清除种子。

11 狭叶猪屎豆

【学名】狭叶猪屎豆 *Crotalaria ochroleuca* G.Don 隶属豆科 Leguminosae 猪屎豆属 *Crotalaria*。

图 11.1　狭叶猪屎豆植株
（张国良　摄）

【别名】条叶猪屎豆、狭线叶猪屎豆。

【起源】非洲热带地区。

【分布】中国分布于浙江、广东、广西、海南等地。

【入侵时间】《海南植物志》（1965 年）收录了该物种，1952 年首次在广东采集到该物种标本。

【入侵生境】耐贫瘠，适应性强，常生长于荒地等生境。

【形态特征】多年生草本或亚灌木植物，植株高可达 150 cm（图 11.1）。

茎 茎枝通常具棱，幼时被短柔毛，后渐无毛（图11.2）。

图 11.2 狭叶猪屎豆茎（张国良 摄）

11 狭叶猪屎豆

叶 无托叶；三出掌状复叶，呈线形或线状披针形，长 5～9（～12）cm，宽 0.5～1.0 cm，长是宽的 3.5～20 倍，正面无毛，背面被稀疏的柔毛（图 11.3）。

图 11.3 狭叶猪屎豆叶（王忠辉 摄）

花 总状花序顶生，长 10 ~ 15 cm，有花 10 ~ 15 朵，疏离；苞片和小苞片相似，极细小，呈线形，小苞片生萼筒基部；花萼近钟形，长约 4 mm，秃净无毛，5 裂，萼齿呈三角形，比萼筒短；花冠为淡黄色或白色，远伸出萼外，长 14 ~ 20 mm，长度为花萼的 1 倍，旗瓣呈长圆形，长 8 ~ 12 mm，基部具胼胝体 2 枚，翼瓣呈倒卵形，长约 13 mm，龙骨瓣长约 17 mm，下部边缘被微柔毛，中部以上变狭，形成长喙；子房无柄（图 11.4）。

图 11.4 狭叶猪屎豆花（张国良 摄）

11 狭叶猪屎豆

果 荚果呈长圆形，长约 4 cm，直径 1.4 ～ 1.6 cm，顶端无明显弯曲，幼时被稀疏的短柔毛；种子 20 ～ 30 颗，肾形（图 11.5）。

图 11.5　狭叶猪屎豆果（王忠辉　摄）

【主要危害】 常逸生为杂草，影响入侵地原生植被生长和生物多样性。

【控制措施】 加强引种管理，谨慎引种；若发现野外逸生种群应及时铲除。

12 西非猪屎豆

【学名】 西非猪屎豆 *Crotalaria goreensis* Guill. & Perr. 隶属豆科 Leguminosae 猪屎豆属 *Crotalaria*。

【别名】 响荚豆。

【起源】 非洲热带地区。

【分布】 中国分布于广东、海南等地。

【入侵时间】 1936 年首次在广东采集到该物种标本。

【入侵生境】 常生长于农田、荒地、草原、路边、灌木丛等生境。

【形态特征】 多年生草本植物，植株高 30～260 cm（图 12.1）。

图 12.1　西非猪屎豆植株（王忠辉　摄）

12 西非猪屎豆

茎 茎具棱纹，密被绒毛，毛贴伏或通常略微开展（图 12.2）。

图 12.2 西非猪屎豆茎（①②③王忠辉 摄，④张国良 摄）

叶 三小叶复叶，小叶形态多变，长 2.5 ~ 8.5 cm，宽 0.8 ~ 2.5 cm，呈狭倒披针形至披针形、长圆状椭圆形或倒卵形；叶正面无毛或稀疏密生贴伏毛，背面薄被贴伏毛；叶柄长 3.5 ~ 6.5 cm，托叶呈长圆状镰形，渐尖，极度不对称（图 12.3）。

图 12.3　西非猪屎豆叶（①②③王忠辉 摄，④张国良 摄）

花 总状花序长 4 ～ 24 cm；苞片呈钻形或丝状，长 3 ～ 4 mm，早落；小苞片生于花梗上，呈丝状，长 1.0 ～ 1.5 mm，早落。花萼长 4 ～ 5 mm，密被绒毛，萼裂片和萼筒密生贴伏或略微开展的绒毛；裂片呈钻形，与萼筒等长。旗瓣呈卵形，黄色，具脉纹或带有橙色、棕色或紫色晕染，外表光滑无毛；翼瓣呈长圆形，略短于龙骨瓣；龙骨瓣在下半部呈直角弯曲，喙直且未扭曲，长 8.5 ～ 10.0（～ 11.5）mm，侧面靠近上缘部分明显密被白色羊毛状绒毛（图 12.4）。

图 12.4　西非猪屎豆花（①②张国良 摄，③④王忠辉 摄）

果 荚果呈长椭圆形，长 15 ~ 20 mm，宽 7 ~ 9 mm，薄被贴伏或略微开展的绒毛，常带有棕色或紫色斑点，含种子 12 ~ 16 粒。种子呈长椭圆形或肾形，长约 4 mm，具种阜，表面呈微粒状，有时具辐射状脉纹，黄色，通常带橙色或红色（图 12.5）。

图 12.5 西非猪屎豆果（①②王忠辉 摄，③④张国良 摄）

【主要危害】常逸生为杂草，影响入侵地原生植被生长和生物多样性（图 12.6）。

图 12.6　西非猪屎豆危害（王忠辉 摄）

【控制措施】加强引种管理，谨慎引种；若发现野外逸生种群应及时铲除。

13 双荚决明

图 13.1 双荚决明植株（王忠辉 摄）

【学名】 双荚决明 *Senna bicapsularis* (L.) Roxb. 隶属豆科 Leguminosae 决明属 *Senna*。

【别名】 双荚槐、金叶黄槐、金边黄槐。

【起源】 美洲热带地区。

【分布】 中国分布于辽宁、浙江、福建、广东、广西、海南、重庆、贵州、云南、澳门等地。

【入侵时间】《广州植物志》(1956 年）和《海南植物志》(1965 年）记载了该物种,《中国外来植物》(2012 年）把该物种列为外来植物。1923 年首次在广东采集到该物种标本。

【入侵生境】 喜光、喜温暖湿润的环境，常生长于路边、荒地、高速路口及两侧等生境。

【形态特征】 多年生灌木植物（图 13.1）。

茎 茎直立，多分枝，无毛（图 13.2）。

图 13.2 双荚决明茎（王忠辉 摄）

叶 叶长 7 ~ 12 cm，有小叶 3 ~ 4 对；叶柄长 2.5 ~ 4.0 cm，无狭翅，具腺体；小叶呈倒卵形或倒卵状长圆形，膜质，长 2.5 ~ 3.5 cm，宽约 1.5 cm，顶端圆钝，基部渐狭，偏斜，背面粉绿色，侧脉纤细，在近边缘处呈网结；在最下方的一对小叶间有黑褐色线形而钝头的腺体 1 枚（图 13.3）。

图 13.3　双荚决明叶（王忠辉 摄）

13 双荚决明

花 总状花序生于枝条顶端的叶腋间，常集成伞房花序状，长度约与叶相等，花为鲜黄色，直径约 2 cm；雄蕊 10 枚，7 枚能育，3 枚退化而无花药，能育雄蕊中有 3 枚特大，高出于花瓣，4 枚较小，短于花瓣（图 13.4）。

图 13.4　双荚决明花（王忠辉　摄）

果 荚果呈圆柱状，膜质，直或微曲，长 13 ～ 17 cm，直径约 1.6 cm，缝线狭窄；种子 2 列（图 13.5）。

图 13.5　双荚决明果（王忠辉 摄）

13 双荚决明

【主要危害】该物种潜在危害大，以种子繁殖，为多年生物种，易侵入自然环境并逐渐发展成为优势群落，影响生物多样性（图 13.6）。

图 13.6　双荚决明危害（王忠辉　摄）

【控制措施】控制引种栽培管理，加强引种监测。若发现野外逸生种群应及时拔除或铲除。

14 伞房决明

【学名】 伞房决明 *Senna corymbosa* (Lam.) H. S. Irwin & Barneby 隶属豆科 Leguminosae 决明属 *Senna*。

【别名】 无。

【起源】 南美洲乌拉圭和阿根廷。

【分布】 中国分布于上海、江苏、浙江、福建、重庆、四川等地。

【入侵时间】 1985 年引入中国。

【入侵生境】 喜光，稍耐阴，耐瘠薄，不耐涝。常生长于荒地、路旁、生活区、沟边或疏林等生境。

【形态特征】 常绿灌木，成年植株高 1.5 ～ 2.0 m（图 14.1）。

图 14.1　伞房决明植株
（王忠辉　摄）

茎 茎直立，枝干分枝较多，小枝密集（图 14.2）。

图 14.2　伞房决明茎（王忠辉　摄）

叶 偶数羽状复叶，具柄，黄绿色小叶 2 ～ 3 对，小叶呈矩圆状披针形，长 2.5 ～ 5.0 cm，顶端稍尖，最下方的一对小叶之间有一腺体（图 14.3）。

图 14.3　伞房决明叶（王忠辉　摄）

花 伞房花序顶生，黄色，花瓣阔，长 1.5 cm，能育雄蕊 7 枚（图 14.4）。

图 14.4　伞房决明花（王忠辉　摄）

果 荚果呈圆柱形，微弯下垂，长 5 ~ 8 cm，种子呈棕色，有光泽（图 14.5）。

【主要危害】 可入侵森林和农业生态系统，影响森林和作物生境，使当地生物多样性降低。

【控制措施】 加强引种管理，避免逸生。发现野生种群应加强监测，控制危害，可通过人工拔除处理。

图 14.5　伞房决明果
（王忠辉 摄）

15 波氏巴豆

【学名】波氏巴豆 *Croton bonplandianus* Baill. 隶属大戟科 Euphorbiaceae 巴豆属 *Croton*（图 15.1）。

【别名】波氏革草、革草。

【起源】南美洲阿根廷北部、巴拉圭、玻利维亚南部和巴西西南部。

【分布】中国分布于河北、福建、山东、海南、台湾等地。

【入侵时间】2006 年有文献报道，在中国台湾有分布记

图 15.1　波氏巴豆植株（王忠辉 摄）

录。较早的标本采集于台湾，但采集时间不详，此后在海南（2019 年）有采集记录。

【入侵生境】 适应能力强，对土壤的湿度、肥力、酸碱度要求不高。常生长于荒地、路边、果园、海边或低海拔地区。

【形态特征】 草本或亚灌木植物，雌雄同标，植株高可达 1 m。

茎 **茎直立；小枝常在花序基地轮生，幼枝密被白色茸毛或星状毛；分枝散生白色星状毛或近光滑（图 15.2）。**

图 15.2　波氏巴豆茎（王忠辉　摄）

叶 叶互生或近对生，丛生于小枝末端，单一；叶柄长4～10 mm，散生白色星状毛至渐无毛；叶片呈狭卵形至椭圆形、三角形至卵形或披针形，长3.4～5.0 cm，宽0.7～1.6 cm，基部钝，具2枚无柄腺体，边缘具浅锯齿，先端锐尖，羽状脉（图15.3）。

图15.3　波氏巴豆叶（王忠辉 摄）

花 穗状花序顶生，长 5 ～ 14 cm，具 2 ～ 8 朵雌花，散生茸毛和星状毛。雄花位于花序上部，外面近光滑至光滑；小花梗长 1.0 ～ 1.5 mm；花萼 5 裂，呈卵形，长 1.0 ～ 1.5 mm，宽约 1 mm，绿色；花瓣 5 片，呈长圆形，长 1.5 ～ 2.0 mm，宽约 1 mm，白色；雄蕊 13 ～ 16 枚，花丝长约 2 mm，芽时内弯，后直立；花药长 1.5 ～ 2.0 mm，光滑，纵裂。雌花位于花序下部，散生星状毛，小花梗短或近无；花萼 5 裂，呈三角状卵形，长和宽均约 1 mm，近光滑；无花瓣；子房 3 室，长约 1.5 mm，多少被毛；花柱离生，3 枚，长 1.5 ～ 2.0 mm，二裂或裂至一半（图 15.4）。

图 15.4　波氏巴豆花（王忠辉 摄）

果 果为蒴果，呈椭球状三棱形，长 5 ~ 11 mm，直径 3 ~ 5 mm，有沟，多少被毛，具种子 2 ~ 3 粒。种子呈椭球形，长 3 ~ 5 mm，直径 2 ~ 3 mm，褐色，具有小的种阜（图 15.5）。

图 15.5　波氏巴豆果（王忠辉 摄）

【主要危害】 为常见杂草，影响入侵地植物群落多样性；含有生物毒素，人或牲畜误食后会中毒，影响人畜健康。能扩散的区域包括广东和广西沿海以及云南南部（图 15.6）。

图 15.6 波氏巴豆危害（王忠辉 摄）

【控制措施】 加强监测，发现野外逸生种群时应及时铲除。

16 大地锦

【学名】 大地锦 *Euphorbia nutans* Lagasca 隶属大戟科 Euphorbiaceae 大戟属 *Euphorbia*（图 16.1）。

【别名】 美洲地锦草、大地锦草。

【起源】 美洲加勒比地区。

【分布】 中国分布于北京、河北、辽宁、江苏、安徽、福建、湖北、广东等地。

图 16.1 大地锦植株（张国良 摄）

【入侵时间】《中国杂草志》（1998 年）对该物种有记载，2003 年在北京和河北发现该物种的分布，1961 年首次在浙江采集到该物种标本。

【入侵生境】 适应能力强，对土壤湿度、肥力要求不高，在干旱及潮湿的土壤均能生长。常生长于农田、田埂、荒地、苗圃、路边等生境。

【形态特征】 一年生草本植物。

根 具主根（图 16.2）。

图 16.2 大地锦根（王忠辉 摄）

16 大地锦

茎 茎非肉质，直立或斜生，无主茎，茎合轴分枝，幼枝或节间一侧常被短柔毛，节间无不定根（图 16.3）。

图 16.3　大地锦茎（①②张国良 摄，③④王忠辉 摄）

叶 叶对生，呈长椭圆形或矩圆形至镰刀型，长 24 ～ 48 mm，宽 8 ～ 17 mm，基部不对称，边缘具细锯齿，顶端微尖或钝圆，正面与背面均被长柔毛，叶柄长约 1 mm；托叶合生，呈三角形（图 16.4）。

图 16.4　大地锦叶（张国良 摄）

花 杯状聚伞花序二歧分枝，聚伞状着生于枝末端，花梗长 0.5 ~ 2.5 mm；总苞呈陀螺状，长 0.5 ~ 1.0 mm，宽 0.3 ~ 0.7 mm，光滑无毛；腺体 4 枚，长 0.24 ~ 0.40 mm，宽 0.3 ~ 0.5 mm，边缘具白色或淡粉色花瓣状附属物，长 0.2 ~ 1.0 mm，宽 0.2 ~ 1.5 mm。雄花 5 ~ 28 枚，成熟花药伸出总苞外；雌花 1 枚，子房柄长于总苞向下弯曲；子房呈三棱状，长 1.6 ~ 2.3 mm，宽 1.5 ~ 2.4 mm，无毛；花柱 3 枚，分离；柱头 2 裂（图 16.5）。

图 16.5　大地锦花（张国良　摄）

果 蒴果呈三棱状，无毛，成熟时分裂为 3 个分果爿。种子深褐色，呈四棱状卵圆形，长 1.0 ~ 1.6 mm，宽 0.5 ~ 0.8 mm，每个棱面具杂乱的细碎皱纹，无种阜（图 16.6）。

图 16.6　大地锦果（王忠辉 摄）

16 大地锦

【主要危害】大地锦以种子繁殖，种子可随农作物引种或旅行等人类活动扩散。由于适应能力强，如气候条件适宜，能很快在入侵地定殖，影响入侵地生物多样性（图 16.7）。

图 16.7　大地锦危害（①②③张国良 摄，④王忠辉 摄）

【控制措施】若发现野生种群或植株，应在开花结果前及时铲除。

17 禾叶大戟

【学名】 禾叶大戟 *Euphorbia graminea* Jacq. 隶属大戟科 Euphorbiaceae 大戟属 *Euphorbia*。

【别名】 无。

【起源】 墨西哥北部至南美洲北部。

【分布】 中国分布于广东、海南、台湾等地。

【入侵时间】 早年在中国台湾归化，2017 年在广东省广州市天河区火炉山森林公园被发现。

【入侵生境】 喜光照充足的环境，常生长于路边、废弃地、草地等生境。

【形态特征】 一年生或多年生草本植物，植株高 40 ～ 80 cm（图 17.1）。

图 17.1　禾叶大戟植株（张国良　摄）

17 禾叶大戟

茎 茎直立或斜升，常二叉状分枝，具棱，嫩茎光滑或稍被毛，成熟茎具明显白色毛（图 17.2）。

图 17.2　禾叶大戟茎（①②张国良 摄，③④王忠辉 摄）

叶 叶对生或互生；叶柄被毛，长 1.0 ~ 2.7 cm；叶片两面被毛，叶面具浅色"V"形纹；下部叶片呈宽卵形，全缘，稀有波状齿，长 2.0 ~ 6.5 cm，宽 1.0 ~ 4.5 cm，先端突尖，基部呈阔楔形至楔形；上部叶片往上逐渐变小，呈长椭圆形、披针形至线形，全缘，枝条顶端的叶片生于杯状花序基部，呈苞片状（图 17.3）。

图 17.3 禾叶大戟（①张国良 摄，②③④王忠辉 摄）

花 杯状花序 2 ～ 3 个组成伞房状花序生于枝顶，或单生于叶腋。花序梗长 0.1 ～ 1.0 cm，总苞呈钟状，长 1.0 ～ 1.5 mm，宽 1.0 ～ 1.5 mm，被稀疏毛或光滑，花瓣状附属物 2 ～ 4（～ 5）枚，有时无，白色，长 0.5 ～ 1.5 mm，总苞片先端离生，先端撕裂，与花瓣状附属物互生，雄花 3 ～ 5 朵，花药呈白色至黄色，雌花 1 朵，花柱 3 枚，通常 2 裂至基部，长 0.5 ～ 1.0 mm（图 17.4）。

图 17.4　禾叶大戟花（王忠辉　摄）

果 果3瓣，稍压扁，光滑。种子3枚，呈卵形，长约1.5 mm，褐色，具明显褶皱，表面有多数凹点（图17.5）。

图 17.5　禾叶大戟果（王忠辉 摄）

【主要危害】 禾叶大戟生命周期极短，从种子萌发到次代种子成熟仅需60～65 d。果实成熟后，果皮干燥炸裂，将种子弹射开来，具有较强的散布能力和繁殖力，能快速挤占其他植物的生存空间，破坏生态环境和影响生物多样性，在墨西哥为咖啡种植园和番石榴种植园里常见的杂草（图17.6）。

图 17.6　禾叶大戟危害（王忠辉 摄）

【控制措施】 禾叶大戟具有较强的生态适应性、潜在的杂草性和旺盛的繁殖力，应加强监测。若发现野生种群应及时铲除。

18 长蒴黄麻

【学名】 长蒴黄麻 *Corchorus olitorius* L. 隶属椴树科 Tiliaceae 黄麻属 *Corchorus*（图 18.1）。

【别名】 长果黄麻、山麻、斗鹿、油罐草、假龙胆草、巨腾。

【起源】 非洲南部。

图 18.1 长蒴黄麻植株（①张国良 摄，②王忠辉 摄）

18 长蒴黄麻

【分布】 中国分布于河北、江苏、安徽、福建、湖南、江西、广东、广西、海南、四川、云南、台湾等地。

【入侵时间】《海南植物志》(1965 年)和《中国高等植物图鉴》(1983 年)对长蒴黄麻均有记载，1920 年首次在海南采集到该物种标本。

【入侵生境】 耐贫瘠和干旱，常生长于路旁、溪边、草地、田埂、荒地等生境。

【形态特征】 一年生木质草本植物，植株高 1 ~ 3 m。

茎 **茎高而直，具分枝（图 18.2）。**

图 18.2　长蒴黄麻茎（①张国良　摄，②③王忠辉　摄）

叶 叶纸质，叶片呈长圆披针形，长 7 ~ 10 cm，宽 2.0 ~ 4.5 cm，先端渐尖，基部呈圆形，叶正面和背面均无毛，基出脉 5 条，两侧的上行不过半，侧脉 7 ~ 10 对，边缘具细锯齿；叶柄长 1.6 ~ 3.5 cm，上部有柔毛；托叶呈卵状披针形，长约 1 cm（图 18.3）。

图 18.3 长蒴黄麻叶（王忠辉 摄）

花 花单生或数朵排成腋生聚伞花序，有短的花序柄及花柄；萼片呈长圆形，顶端有长角，基部有毛；花瓣与萼片等长或稍短，呈长圆形，基部有柄；雄蕊多枚，离生；雌雄蕊柄极短，无毛；子房有毛，柱头呈盘状，有浅裂（图 18.4）。

图 18.4　长蒴黄麻花（王忠辉 摄）

果 蒴果长 3 ~ 8 cm，呈条状，稍弯曲，具 10 棱，顶端有 1 突起的角，开裂为 5 ~ 6 个果爿，有横隔。种子呈倒圆锥形，略有棱（图 18.5）。

图 18.5　长蒴黄麻果（①张国良　摄，②③王忠辉　摄）

18 长蒴黄麻

【主要危害】 以种子繁殖。种子可随农作物引种、交通等人类活动及自然因素等传播扩散，同时引种栽培也是蔓延的一个重要途径。由于适应能力较强，逃逸后很容易在入侵地定殖，影响生物多样性。可能扩散到华东和华南地区（图 18.6）。

图 18.6　长蒴黄麻危害（①张国良 摄，②王忠辉 摄）

【控制措施】 若发现野外种群或植株，应在种子成熟前拔除或铲除。

19 细果草龙

图 19.1　细果草龙植株（王忠辉 摄）

【学名】 细果草龙 *Ludwigia leptocarpa* (*Nutt.*) H. *Hara* 隶属柳叶菜科 Onagraceae 丁香蓼属 *Ludwigia*。

【别名】 无。

【起源】 美国。

【分布】 中国分布于上海、江苏、浙江等地。

【入侵时间】 有文献记载 2012 年在浙江归化；2008 年首次在浙江采集到该物种标本，2011 年上海有标本采集记录。

【入侵生境】 适应性较强，喜潮湿生境，常生长于水田、河流、湖泊、湿地等生境。

【形态特征】 亚灌木状一年生或多年生草本植物，植株高可达 2 m（图 19.1）。

茎 茎稍呈木质化，全株疏被柔毛（图 19.2）。

图 19.2 细果草龙茎（王忠辉 摄）

叶 叶互生，叶片呈披针形或线状披针形，长 2 ~ 13 cm，宽 0.4 ~ 1.8 cm，先端钝渐尖，基部呈楔形；叶柄长 0.2 ~ 2.0 cm（图 19.3）。

图 19.3 细果草龙叶（王忠辉 摄）

花 花单生或簇生于叶腋或再集成花序；萼片和花瓣通常 5 片，偶有 4、6、7 数；萼片呈三角状卵形；花瓣黄色，呈倒卵形，长约 5 mm；雄蕊数为萼片数的 2 倍（图 19.4）。

图 19.4　细果草龙花（王忠辉 摄）

果 浆果呈线状圆柱形，长约 4.0 cm，具柄，表面有浅凹。种子呈暗棕色，具细洼点（图 19.5）（表 1）。

图 19.5 细果草龙果（王忠辉 摄）

表 1　与近似种形态特征区别

物种名称	细果草龙	毛草龙	草龙
生物型	亚灌木状多年生或一年生草本	亚灌木状多年生草本	一年生草本，幼枝及花序被微柔毛
茎	基部常木质化，全株疏被柔毛	基部常木质化，稍具纵棱；全株常被黄褐色粗毛	基部常木质化，呈三或四棱形，多分枝
叶	叶片呈披针形或线状披针形，叶柄长 0.2 ～ 2.0 cm	叶片呈披针形或线状披针形，叶柄长达 5 mm 或无柄	叶片呈披针形或线形，叶柄长 0.2 ～ 1.0 cm
花	萼片和花瓣通常 5 片；花瓣长约 5 mm	萼片和花瓣 4 片，花瓣长 0.7 ～ 1.4 mm	萼片和花瓣通常 4 片，花瓣长 2 ～ 3 mm
果	浆果呈线状圆柱形，长约 4.0 cm，具柄	蒴果呈圆柱状，长约 3.5 cm	蒴果呈近圆柱状，长 1.0 ～ 1.5 cm

【主要危害】细果草龙传入途径不详，可能是通过贸易夹带种子无意传入。以种子繁殖为主，通过根状茎也可进行营养繁殖。种子小而轻，容易沿河流和湿地扩散蔓延。适应性较强，根系较为发达，易形成优势种群，主要危害水稻田，影响水稻产量。可能扩散到华东和华南地区（图 19.6）。

图 19.6　细果草龙危害（王忠辉 摄）

【控制措施】 结合土地深耕或苗期除草，在结果前人工拔除。预防种子扩散。

20 粉花月见草

【学名】粉花月见草 *Oenothera rosea* L'Hér. ex Aiton. 隶属柳叶菜科 Onagraceae 月见草属 *Oenothera*。

图 20.1　粉花月见草植株（张国良　摄）

【别名】无。

【起源】美洲热带地区。

【分布】中国分布于江苏、浙江、福建、江西、广西、重庆、四川、贵州、云南等地。

【入侵时间】1936 年首次在江苏采集到该物种标本。

【入侵生境】常生长于旱地、荒地、草地、草坪、果园、公路等生境。

【形态特征】多年生草本植物（图 20.1）。

根 具粗大主根，直径可达 1.5 cm。

茎 茎常丛生，上升，长 30 ～ 50 cm，多分枝，被曲柔毛，有时混生长柔毛，下部常紫红色（图 20.2）。

图 20.2 粉花月见草茎（张国良 摄）

叶 基生叶紧贴地面，呈倒披针形，长 1.5 ～ 4.0 cm，宽 1.0 ～ 1.5 cm，先端锐尖或钝圆，自中部渐狭或骤狭，不规则羽状深裂下延至柄；叶柄呈淡紫红色，长 0.5 ～ 1.5 cm，开花时基生叶枯萎。茎生叶灰绿色，呈披针形或长圆状卵形，长 3 ～ 6 cm，宽 1.0 ～ 2.2 cm，基部呈宽楔形并骤缩下延至柄，边缘具齿突，基部细羽状裂，侧脉 6 ～ 8 对（图 20.3）。

图 20.3　粉花月见草叶（张国良　摄）

花 花单生于茎、枝顶部叶腋；花蕾绿色，呈锥状圆柱形，长 1.5 ~ 2.2 cm，顶端萼齿紧缩成喙；花管淡红色，长 5 ~ 8 mm，被曲柔毛，萼片绿色，带红色，呈披针形，背面被曲柔毛，开花时反折再向上翻；花瓣粉红至紫红色，呈宽倒卵形，先端钝圆，具 4 ~ 5 对羽状脉；花丝白色至淡紫红色；花药粉红色至黄色，呈长圆状线形；子房花期呈狭椭圆状，密被曲柔毛；花柱白色，伸出花管部分长 4 ~ 5 mm；柱头红色，围以花药，裂片长约 2 mm（图 20.4）。

图 20.4　粉花月见草花（张国良 摄）

果 蒴果呈棒状，长 8 ~ 10 mm，直径 3 ~ 4 mm，具 4 条纵翅，翅间具棱，顶端具短喙。种子呈长圆状倒卵形，长 0.7 ~ 0.9 mm，直径 0.3 ~ 0.5 mm（图 20.5）。

图 20.5　粉花月见草果（张国良 摄）

【主要危害】粉花月见草适应能力强，在石缝、墙角、瘠薄的土壤也能生长；繁殖力强，种子量大，在入侵地能很快形成单一优势群落，成为难于清除的有害杂草（图 20.6）。

图 20.6 粉花月见草危害（张国良 摄）

【控制措施】加强引种管理；发现野外逸生种群时应及时清除；可选择二甲四氯、百草敌等除草剂防除。

21 无瓣海桑

图 21.1　无瓣海桑植株（付卫东　摄）

【学名】无瓣海桑 *Sonneratia apetala* Buch.-Ham. 隶属海桑科 Sonneratiaceae 海桑属 *Sonneratia*。

【别名】无。

【起源】南亚。

【分布】中国分布于福建、广东、广西、海南、香港等地。

【入侵时间】1985 年作为优良速生树种，从孟加拉国引入海南东寨港红树林自然保护区试种。1995 年首次在海南采集到该物种标本，1998 年广东有标本采集记录。

【入侵生境】常生长于海边滩涂、河流入海口等生境。

【形态特征】多年生常绿乔木，植株高 15 ～ 20 m（图 21.1）。

根 呼吸根笋状，长可达 1.5 m。

茎 主干呈圆柱形；茎干灰色，幼时呈浅绿色；小枝纤细下垂，有隆起的节（图 21.2）。

图 21.2　无瓣海桑茎（①②③张国良　摄，④付卫东　摄）

21 无瓣海桑

叶 叶对生，叶片呈狭椭圆形至披针形，长 5 ~ 13 cm，宽 1.5 ~ 4.0 cm，基部渐狭，先端钝；叶柄长 5 ~ 10 mm（图 21.3）。

图 21.3　无瓣海桑叶（①②③付卫东 摄，④张国良 摄）

花 花基数 4（～6），3～7 朵花组成聚伞花序；萼筒长 1.5～2.5 cm，光滑；萼片呈绿色，围绕果基部，果期裂片稍弯曲；无花瓣；雄蕊多数，花丝白色；雌蕊柱头呈盾形，宽约 7 mm（图 21.4）。

图 21.4　无瓣海桑花（①②张国良 摄，③④⑤付卫东 摄）

果 浆果呈球形，直径 1.0 ~ 2.5 cm。种子呈“U”形或镰刀形，长 8.0 ~ 9.5 mm（图 21.5）。

图 21.5　无瓣海桑果（张国良 摄）

【主要危害】 无瓣海桑在新生境中能迅速生长，结实率高，易定居。以种子繁殖，繁殖力强，无休眠，适合于被潮水携带和快速萌发。随着无瓣海桑的归化和扩散，现已逐渐开始危害我国的红树林生态系统，分泌化感物质影响其他红树林植物的生长，与我国国产海桑属植物杂交影响遗传多样性，如不及时控制并采取防治措施，将严重破坏红树林生态系统（图 21.6）。

图 21.6 无瓣海桑危害（付卫东 摄）

【控制措施】 控制引种；加强引种监测，控制种群数量。

22 三角叶西番莲

图 22.1 三角叶西番莲植株（付卫东 摄）

【学名】 三角叶西番莲 *Passiflora suberosa* Linnaeus 隶属西番莲科 Passifloraceae 西番莲属 *Passiflora*。

【别名】 革叶香莲、姬西番莲、南美西番莲、栓皮西番莲、栓木藤西番莲。

【起源】 西印度群岛和美国中南部。

【分布】 中国分布于福建、广东、云南、香港、台湾等地。

【入侵时间】《云南植物志》（1977 年）记载了三角叶西番莲在云南西双版纳有栽培或逸生，1926 年首次在中国台湾采集到该物种标本。

【入侵生境】 适应性强，生长迅速。常生长于路边、草坡等生境。

【形态特征】 多年生草质藤本植物，具腋生卷须（图 22.1）。

茎 茎细弱，呈四棱形，有纵条纹，被细柔毛（图22.2）。

图 22.2 三角叶西番莲茎（付卫东 摄）

叶 叶互生，叶片 3 裂，裂片呈卵状三角形，长 5.5 ~ 7.0 cm，宽 6.0 ~ 8.5 cm，先端具锐尖，基部呈心形，微被稀疏长柔毛，边缘具明显缘毛；叶柄被白色糙伏毛，中部或稍上部具 2 腺体；托叶呈线形或钻形（图 22.3）。

图 22.3 三角叶西番莲叶（①付卫东 摄，②王忠辉 摄）

花 花单生或成对生于叶腋内，浅绿色或白色；花柄长 1～2 cm；具小苞片；萼片 5 片，呈长圆形或披针形，绿白色，被柔毛，在外面顶端具 1 枚细小的角状突起；无花瓣；外副花冠裂片 2 轮，呈丝状，绿色，靠近顶端带黄色，长约 7 mm；内副花冠呈褶状，黛紫色；花盘 0.5～1.0 mm，雌雄蕊柄长约 4 mm；雄蕊 5 枚，花丝基部结合成管，上部分离，围绕花柱呈放射状排列；子房呈近球形，密被白色柔毛；花柱 3 枚，柱头近头状（图 22.4）。

图 22.4 三角叶西番莲花（①付卫东 摄，②③张国良 摄）

果 浆果呈近圆形，直径 1.0 ~ 1.5 cm，成熟时呈紫黑色（图 22.5）（表 2）。

图 22.5　三角叶西番莲果（①付卫东 摄，②王忠辉 摄）

表 2　与近似种形态特征区别

物种名称	三角叶西番莲	细柱西番莲
茎	全株通常被柔毛或糙伏毛	全株无毛
叶	叶裂片先端具短尖；腺体在叶柄中上部	叶裂片先端钝圆；腺体在叶柄中下部
花	外副花冠裂片 2 轮，呈丝状，绿色	外副花冠裂片 1 轮，呈丝状，白色，带紫色纹理
果	成熟果实紫黑色，呈卵形或球形	成熟果实橙红色或红色，呈长椭圆形

【主要危害】三角叶西番莲作为观赏植物或药用植物引入，后逸生。在适宜环境中适应性强，生长迅速，常攀附其他植物生长，形成大面积的单优种群，危害当地生物多样性。可能扩散的区域有福建、广东、广西。

【控制措施】限制引种栽培，加强引种管理与监测，发现野生种群在结果前清除。

23 瘤梗甘薯

【学名】瘤梗甘薯 *Ipomoea lacunose* L. 隶属旋花科 Convolvulaceae 番薯属 *Ipomoea*（图 23.1）。

【别名】瘤梗番薯。

【起源】美洲热带地区。

【分布】中国分布于天津、河北、上海、江苏、安徽、福建、浙江、山东、河南、湖南、江西、广西等地。

图 23.1 瘤梗甘薯植株（张国良 摄）

【入侵时间】1983 年首次在浙江采集到该物种标本。2006 年在浙江记载为入侵植物，2017 年有文献报道在天津出现归化。

【入侵生境】喜阳光充足和较为湿润的生境，有一定的耐干旱能力。常生长于荒野旷地、农田边、林缘等生境。

【形态特征】一年生草本植物。

根 **根粗壮，具细根（图 23.2）。**

图 23.2　瘤梗甘薯根（张国良　摄）

茎 茎缠绕，多分枝，被稀疏疣状基毛（图 23.3）。

图 23.3　瘤梗甘薯茎（张国良 摄）

叶 叶互生；叶片呈卵形至宽卵形，长 2 ~ 6 cm，宽 2 ~ 5 cm，全缘或 3 裂，基部呈心形，先端具尾状尖，正面粗糙，背面光滑，叶缘具 1 ~ 3 个拐角状齿；叶柄无毛或有时具小疣（图 23.4）。

图 23.4　瘤梗甘薯叶（张国良 摄）

花 聚伞花序腋生，具花 1 ~ 3 朵，花序梗具明显棱，具瘤状突起；花冠呈漏斗状，无毛，通常呈白色，有时呈淡红色或淡紫红色，雄蕊内藏，花药紫红色，花丝基部有毛；子房近卵球形，被毛。

果 蒴果近球形，中部以上被毛，具花柱形成的细尖头，4 瓣裂。种子光滑，无毛，成熟后呈黑色。

【主要危害】 瘤梗甘薯人工引种进入中国境内。依靠种子繁殖，结籽量大，繁殖容易，种子易混入粮食中传播扩散。适生性强，常形成优势群落，以缠绕和覆盖形式危害本地其他物种，破坏生态环境，影响生物多样性；目前已经入侵农田，有可能演化为恶性杂草；叶片含有生物碱，可致取食动物中毒；侵入林地可能给树木生长带来影响（图 23.5）。

【控制措施】 加强检疫；农田逸生群落可结合中耕除草防除；荒野、路边大面积暴发可选择草甘膦等除草剂防除；玉米地可选择二甲四氯除草剂防除；零星发生区域可采用人工拔除。

图 23.5 瘤梗甘薯危害（张国良 摄）

24 狭叶马鞭草

【学名】 狭叶马鞭草 *Verbena brasiliensis* Vell. 隶属马鞭草科 Verbenaceae 马鞭草属 *Verbena*。

【别名】 巴西马鞭草。

【起源】 南美洲巴西、阿根廷等地。

【分布】 中国分布于浙江、福建、江西、台湾等地。

【入侵时间】 1984 年在中国台湾发现逸生，2012 年《台湾植物志》补编收录；2012 年在浙江台州发现逸生。2002 年首次在中国台湾采集到该物种标本，此后在广东（2006 年）、浙江（2010 年）、福建（2011 年）有标本采集记录。

【入侵生境】 常生长于海边草丛等生境。

【形态特征】 多年生草本植物。植株高 1 ～ 2 m（图 24.1）。

图 24.1　狭叶马鞭草植株
（张国良　摄）

茎 具根状茎；茎具 4 棱，粗糙，被毛（图 24.2）。

图 24.2　狭叶马鞭草茎（张国良 摄）

24 狭叶马鞭草

叶 叶对生；叶片呈倒披针形至长椭圆形，先端锐尖或渐尖、稀钝，基部呈楔形或窄楔形，边缘有大小不一的锯齿，叶柄不明显（图 24.3）。

图 24.3　狭叶马鞭草叶（王忠辉　摄）

花 穗状花序在枝顶呈3叉型排列。苞片、花萼与花冠筒均被柔毛，苞片稍短于花萼；花萼先端5裂，裂片呈披针形；花冠筒长为花萼的1.5～2.0倍，花冠淡紫色；雌雄蕊均较短，藏于花冠内。果穗在果期伸长，呈圆柱形，长1～5 cm（图24.4）。

图24.4 狭叶马鞭草花（张国良 摄）

果 果实呈长椭圆形，长约2 mm，褐色，部分具白粉，表面具隆起的网脉。

【主要危害】 狭叶马鞭草可能通过货物贸易携带无意传入。以种子繁殖，种子萌发率高，传播性强。对本地植物构成威胁，可能会取代原生植物，从而影响生物多样性。可能扩散到江苏、安徽、浙江、河南、湖北、湖南等地。

【控制措施】 加强管理，防止扩散；若在自然生境中发现逸生种群，应及时拔除或铲除；可选择氨氯吡啶酸等除草剂进行防治。

25 白毛马鞭草

【学名】白毛马鞭草 *Verbena stricta* Vent 隶属马鞭草科 Verbenaceae 马鞭草属 *Verbena*。

【别名】无。

【起源】美国东部和中部。

【分布】中国分布于辽宁等地。

【入侵时间】2017 年在辽宁省铁岭市被发现。2017 年首次在辽宁采集到该物种标本。

【入侵生境】常生长于路边、田野、牧场等生境。

【形态特征】多年生草本植物。植株高 10 ~ 120 cm（图 25.1）。

图 25.1　白毛马鞭草植株
（张国良　摄）

25 白毛马鞭草

茎 茎直立或外倾，圆柱形，有条棱，不分枝或仅上部分枝，密被硬毛（图 25.2）。

图 25.2　白毛马鞭草茎（张国良 摄）

叶 叶对生；叶片呈卵形或近圆形，边缘具锯齿，网脉明显，表面皱，长 6 ～ 10 cm，宽 1.4 ～ 5.0 cm，顶端急尖，密被白色纤毛或硬毛，尤以叶背面叶脉周围最密，通常无柄或近无柄（图 25.3）。

图 25.3 白毛马鞭草叶（张国良 摄）

25 白毛马鞭草

花 穗状花序顶生，通常无柄，密集，果时长达 15 ～ 40 cm，直径 3 ～ 9 mm，基部围以叶片苞片；花两性，具短梗，在花序轴上排列紧密，小苞片呈披针形或钻形，长 3 ～ 6 cm；花萼与苞片近等长，5 深裂，与花序轴及苞片、小苞片密被白色纤毛或硬毛；花冠淡紫色，花冠筒长 4 ～ 8 mm，檐部宽 7 ～ 9 mm（图 25.4）。

图 25.4　白毛马鞭草花（张国良　摄）

果 果实呈长圆形，为宿存萼片所包，高 4 ～ 5 mm，成熟时 4 瓣裂；小坚果呈三棱形，长约 2.5 mm，表面具网状隆起。

【主要危害】 白毛马鞭草可能混杂于花卉种子中随贸易无意带入。以种子繁殖，种子结实量大，自播能力强。通过种子夹带传播，易于扩散。在被干扰的生境具有较强的适应性。虽然目前分布范围小，危害不大，但对入侵地的生态环境和生物多样性有一定的影响；可以和长苞马鞭草进行杂交。

【控制措施】 注意野外调查与观察，加强监测，如发现逸生可在开花前人工拔除或铲除。

26 南假马鞭

图 26.1 南假马鞭植株（①张国良 摄，②王忠辉 摄）

【学名】 南假马鞭 *Stachytarpheta cayennensis*（Rich.）Vahl 隶属马鞭草科 Verbenaceae 假马鞭属 *Stachytarpheta*。

【别名】 白花假马鞭。

【起源】 中南美洲的古巴、墨西哥南部、秘鲁和阿根廷。

【分布】 中国分布于广东、广西、海南、台湾等地。

【入侵时间】 2006 年首次以白花假马鞭报道在广东发现分布，2010 年在广西发现分布，《海南植物图志》（2015 年）收录。1995 年首次在广东采集到该物种标本，此后在广西（2010 年）有标本采集记录。

【入侵生境】 常生长于农田、溪边、道路、住宅旁等生境。

【形态特征】 一年生或多年生草本植物。植株高可达 2 m（图 26.1）。

茎 茎基部稍微木质化，二歧状分枝，幼枝密被短柔毛（图 26.2）。

图 26.2　南假马鞭茎（王忠辉　摄）

26 南假马鞭

叶 叶对生，膜质或纸质；叶片呈椭圆形至卵形或狭卵形，长 1.5 ～ 10.0 cm，宽 1 ～ 5 cm，背面被微柔毛或短糙伏毛，正面或多或少被短糙伏毛，边缘呈锯齿状或圆锯齿状，锯齿向前，顶端急尖或渐尖；叶柄长 0.3 ～ 1.0 cm（图 26.3）。

图 26.3　南假马鞭叶（王忠辉　摄）

花 穗状花序纤细，长 15 ～ 45 cm，直径约 3 mm，通常遍布短柔毛，序轴稍柔弱，凹穴几乎与轴等宽；苞片呈狭披针形，长约 5 mm；花萼长约 6 mm，密被短柔毛，萼齿几近等长；花冠淡蓝色或白色，花冠管细，直径 1.0 ～ 1.2 mm，长 4 ～ 5 mm，冠檐宽 5 ～ 6 mm；发育雄蕊 2 枚，内藏（图 26.4）（表 3）。

图 26.4　南假马鞭花（①张国良 摄，②③④王忠辉 摄）

果 果藏于宿萼内，呈长圆形。

表 3　与近似种形态特征比较

物种名称	南假马鞭	荨麻叶假马鞭（图 26.5）
茎	二歧状分枝，幼枝密被短柔毛	二歧状分枝，幼枝呈四棱形，疏被短柔毛
叶	叶片呈椭圆形至卵形或狭卵形；背面被微柔毛或短糙伏毛，腹面具短糙伏毛；边缘齿少，锯齿状或圆锯齿状	叶片卵形至宽卵形，两面无毛，边缘齿较多，齿尖锐
花	穗状花序，花萼具毛，花小，花冠淡蓝色或白色，冠檐 5～6 mm	穗状花序，花萼无毛，花较大，花冠深蓝紫色，冠檐约 10 mm
果	藏于宿萼内，呈长圆形	藏于宿存花萼中，长约 4 mm，宽约 0.5 mm

图 26.5　荨麻叶假马鞭草（张国良　摄）

【主要危害】 南假马鞭属无意传入。以种子繁殖，可通过交通工具、垃圾、土壤、雨水进行扩散传播。目前仅发现在路旁、耕地旁、住宅旁零星分布，尚未形成大的危害。但需要严密观察，防止种群扩大，排挤本地植物，影响生物多样性。可能在我国华南、西南地区扩散（图 26.6）。

图 26.6　南假马鞭危害（①张国良 摄，②③④王忠辉 摄）

【控制措施】 发现逸生种群时，应及时铲除。

27 朱唇

【学名】 朱唇 *Salvia coccinea* Buc'hoz ex Etl. 隶属唇形科 Lamiaceae 鼠尾草属 *Salvia*。

【别名】 红花鼠尾草、一串红唇、红唇。

【起源】 南美洲。

【分布】 中国分布于天津、河北、上海、安徽、浙江、山东、江西、广东、广西、海南、四川、云南、陕西、香港、台湾等地。

【入侵时间】 于20世纪初作为观赏植物引入国内。《中国植物图鉴》(1937年)最早记载了该物种的栽培信息;《广州植物志》(1956年)收录了该物种。1929年首次在浙江采集到该物种标本，此后在云南(1939年)、台湾(1935年)、陕西(1939年)有标本采集记录。

【入侵生境】 常生长于农田、溪边、道路、住宅旁等生境。

【形态特征】 一年生或多年生草本植物。植株高可达70 cm(图27.1)。

图 27.1 朱唇植株（张国良 摄）

根 根纤维状，密集。

茎 茎直立，四棱形，被灰白色疏柔毛（图 27.2）。

图 27.2 朱唇茎（张国良 摄）

叶 单叶对生，叶柄长 0.5 ～ 2.0 cm；叶片呈卵圆形或三角状卵圆形，长 3 ～ 6 cm，宽 2 ～ 5 cm；基部平截并渐狭成柄，边缘具锯齿；叶片正面和背面均被毛（图 27.3）。

图 27.3　朱唇叶（张国良 摄）

花 轮伞花序，每轮 4 至多花，疏离，组成顶生总状花序；苞片呈卵圆形，较花梗长；花萼呈长钟状，长 8 ~ 9 mm，外被微柔毛，其间混生浅黄色腺点；花冠深红或绯红色，冠檐呈二唇形，长 2.0 ~ 2.2 cm，上唇比下唇短，下唇 3 裂，中裂片最大，呈倒心形；发育雄蕊 2 枚，伸出，花丝长 4 mm；花柱伸出，先端稍膨大，2 裂（图 27.4）。

图 27.4　朱唇花（张国良　摄）

果 **小坚果呈倒卵圆形，黄褐色，具棕色斑纹。**

【主要危害】 朱唇作为观赏植物被有意引进。以种子繁殖为主，也可扦插繁殖。具有观赏及药用价值，随引种传播。朱唇抗性强，耐热和耐干旱性好，抗病性强。逸生种群能很快占领生态位，形成优势群落，影响生物多样性。可能在我国西南、华东、华南地区扩散。

【控制措施】 加强引种管理，禁止乱丢弃种苗；若发现野外逸生群落应及时拔除。

28 荆芥叶狮耳花

【学名】 荆芥叶狮耳花 *Leonotis nepetifolia*（L.）W. T. Aiton 隶属唇形科 Lamiaceae 狮耳草属 *Leonotis*。

【别名】无。

【起源】非洲热带地区以及印度南部。

【分布】中国分布于云南等地。

【入侵时间】《西双版纳植物名录》（1984 年）有引种栽培记载。1990 年首次在云南采集到该物种标本。

【入侵生境】喜湿润、肥沃土壤，常生长于农田、荒地、河边等生境。

【形态特征】一年生草本植物，植株高 60 ～ 200 cm（图 28.1）。

图 28.1 荆芥叶狮耳花植株
（张国良 摄）

28 荆芥叶狮耳花

茎 茎呈四棱形，有沟槽，被微柔毛（图 28.2）。

图 28.2　荆芥叶狮耳花茎（张国良　摄）

叶 叶对生；叶片呈卵圆形或心形，长 3.0 ~ 7.5 cm，宽 2.5 ~ 6.5 cm，边缘具圆锯齿，膜质，密被短柔毛；叶脉呈网状，侧脉 4 ~ 6 对；叶柄长 1 ~ 3 cm（图 28.3）。

图 28.3　荆芥叶狮耳花叶（张国良　摄）

花 轮伞花序疏离，生于叶腋，呈球形，直径 2 ~ 6 cm，多花密集，其下承以多数密集苞片；苞片细长，呈线形，向下微弯曲，先端呈针刺状。花萼呈管状，长约 1.5 cm，先端膨大而略折曲，外部被短柔毛，萼齿呈针刺状，最上面一枚较大，长约 0.5 cm；花冠橘红色，长约 2 cm，密被橘红色茸毛；花冠筒细长，伸出萼筒之外；冠檐呈二唇形，上唇呈盔状，较大，长约 1 cm，半包雄蕊和柱头；下唇较小，长度约为上唇的 1/3，3 裂，先端卷曲。雄蕊 4 枚，花药纵裂；花柱 1 枚，先端 2 分裂（图 28.4）。

图 28.4　荆芥叶狮耳花花（张国良 摄）

果 小坚果呈长圆形，向上逐渐增大，顶端呈截面状（图 28.5）。

图 28.5 荆芥叶狮耳花果（张国良 摄）

28 荆芥叶狮耳花

【主要危害】 荆芥叶狮耳草作为观赏植物引入云南西双版纳植物园，后逃逸到周边地区。以种子繁殖，繁殖能力强，每株个体均能产生大量的种子，并且种子萌发率较高。可入侵农田，其花序有大量针刺状硬附属物，易扎伤人，且不易清除，会对农业生产产生危害，并与当地物种竞争，排挤当地物种，影响入侵地生物多样性。可能在华南、西南等南部热带、亚热带地区扩散。

【控制措施】 播种前对土地进行深耕；结合作物田间管理，采取苗期除草、中耕除草等农艺措施。

29 毛酸浆

【学名】毛酸浆 *Physalis philadelphica* Lam. 隶属茄科 Solanaceae 酸浆属 *Physalis*。

【别名】洋姑娘。

【起源】美洲。

【分布】中国分布于江苏、福建、湖北、湖南、广东、广西、贵州等地。

【入侵时间】《中国高等植物图鉴（第三册）》（1983年）最早记载了该物种。1958年首次在广西采集到该物种标本。

【入侵生境】常生长于农田、路边等生境。

【形态特征】一年生草本植物，全株密生短柔毛，植株高30～60 cm（图29.1）。

图29.1 毛酸浆植株
（张国良 摄）

茎 茎铺散状分枝（图 29.2）。

图 29.2 毛酸浆茎（张国良 摄）

叶 叶质薄，叶片呈卵形或卵状心形，基部偏斜，缘有不等大的齿（图 29.3）。

图 29.3　毛酸浆叶（张国良 摄）

花 花单生于叶腋，花梗长 5 ~ 10 mm；花萼呈钟状，外面密生短柔毛，5 中裂；花冠呈钟状，直径 6 ~ 10 mm，淡黄色，5 浅裂，裂片基部有紫色斑纹，有缘毛；花药黄色（图 29.4）。

图 29.4 毛酸浆花（张国良 摄）

果 浆果呈球形，被胀大的宿萼包围；宿萼呈卵形或阔卵形，5 棱，基部稍凹入（图 29.5）。

图 29.5 毛酸浆果（张国良 摄）

【主要危害】毛酸浆随进口农产品携带进入国内。以种子繁殖，种子多，萌发率高，常密集成丛。果实可被动物食用过腹传播。为一般杂草，耐干旱或贫瘠的土壤，易成杂草中的优势种群，影响入侵地生物多样性；进入农田后，危害作物，影响作物生长。可能扩散到全国。

【控制措施】精选种子；避免在保护区栽植；若在自然生态系统中发现逸生种群应及时拔除；可选择苯达松、二甲四氯等除草剂进行化学防除。

30 腺龙葵

【学名】腺龙葵 *Solanum sarrachoides* Sendtner. 隶属茄科 Solanaceae 茄属 *Solanum*。

【别名】毛龙葵。

【起源】南美洲。

【分布】中国分布于北京、辽宁、山东、河南、新疆等地。

【入侵时间】2013 年首次在内蒙古采集到该物种标本。

【入侵生境】喜沙质土壤，常生长于路边、荒地、农田等生境。

【形态特征】一年生草本植物，植株高可达 60 cm（图 30.1）。

图 30.1 腺龙葵植株
（张国良 摄）

根 主根不明显，多分枝（图 30.2）。

图 30.2 腺龙葵根（张国良 摄）

茎 茎直立或倾卧，具黏性的腺毛，腺毛长达 2 mm（图 30.3）。

图 30.3 腺龙葵茎（张国良 摄）

叶 叶片呈卵形，长 39 ～ 76 mm，宽 30 ～ 50 mm，基部呈截形或圆形，下延至叶柄，顶端锐尖，叶缘具 3 ～ 9 个向前的波状锯齿（图 30.4）。

图 30.4　腺龙葵叶（张国良　摄）

花 伞形聚伞花序，3 ~ 4 花；花萼裂片呈矩圆状三角形，顶端稍锐尖；花冠呈宽五角形，白色，基部黄色或半透明，直径 5.0 ~ 7.5 mm，裂片呈阔三角形；花丝长 1.0 ~ 1.5 cm，花药黄色；花柱长 3.0 ~ 1.5 mm，柱头头状（图 30.5）。

图 30.5 腺龙葵花（张国良 摄）

果 浆果呈球形，黄绿色，直径 5 ～ 9 mm；种子黄色，多（图 30.6）。

图 30.6 腺龙葵果（张国良 摄）

【主要危害】 腺龙葵为普通农田杂草，可通过与作物争夺养料、水分、阳光和空间等危害农业生产；适应能力强，易形成单一优势群落，对入侵地的生物多样性造成危害；全株有毒，极易对家畜造成危害。

【控制措施】 加强植物检疫；精选作物种子；在苗期可选择莠去津等除草剂防治。

31 野烟树

【学名】 野烟树 *Solanum mauritianum* Scop. 隶属茄科 Solanaceae 茄属 *Solanum*（图 31.1）。

【别名】 野茄、耳叶茄、法兰绒杂草、臭虫草、烟木、烟树、野烟草、煤油树、巨星土豆树。

【起源】 南美洲。

图 31.1 野烟树植株（付卫东 摄）

【分布】 中国分布于福建、广东、广西、四川、贵州、云南、台湾等地。

【入侵时间】 2001 年首次在中国台湾采集到该物种标本。

【入侵生境】 生长于荒地、荒山灌丛等生境。

【形态特征】 小型乔木，植株高度 1.5 ～ 10.0 m。

茎 **小枝上覆盖密集白色具柄头状簇茸毛**（图 31.2）。

图 31.2 野烟树茎（付卫东 摄）

叶 单叶互生，叶片宽大而厚实，纸质，柔软且边缘全缘；叶片呈卵状长圆形，长 10 ~ 29 cm，宽 4 ~ 12 cm，叶柄 1.5 ~ 5.5 cm，先端渐尖，基部呈阔楔形或钝形；正面绿色、背面灰绿色，被稀疏星状毛（图 31.3）。

图 31.3　野烟树叶（付卫东　摄）

花 聚伞花序，侧生或顶生；花朵洁白，直径约 1.5 cm；萼片呈钟形，半裂，外表面覆盖着灰白色的星状毛；花冠呈浅钟状，深裂，裂片呈长圆形；雄蕊 5 枚，着生于花冠喉部上方，花药为黄色，顶部孔裂；雌蕊 1 枚，子房上位，两室，胚珠数量众多，柱头呈头状（图 31.4）。

图 31.4 野烟树花（付卫东 摄）

果 浆果呈球状，具有宿存萼片，直径约 1.2 cm，黄褐色；果实初期被星状簇茸毛覆盖，随后逐渐脱落。种子呈扁平状，直径 1 ~ 2 mm（图 31.5）。

图 31.5 野烟树果（付卫东 摄）

【主要危害】入侵疏林、山坡、荒野，影响生物多样性和景观。全株有毒，特别是未成熟果实，含多种有毒物质，其中的澳洲茄胺成分主要影响神经系统和胃肠道，中毒症状包括口腔灼烧感、胃肠刺激、腹泻、蹒跚、瘫痪等，严重者可死于器官衰竭；如接触，叶毛可刺激皮肤、眼、鼻和咽喉（图 31.6）。

图 31.6　野烟树危害（付卫东　摄）

【控制措施】禁止引种栽培。若发现野外逸生种群，应及时拔除或铲除。

32 圆叶母草

图 32.1　圆叶母草植株
（付卫东　摄）

【学名】 圆叶母草 *Lindernia rotundifolia*（L.）Alston 隶属玄参科 Scrophulariaceae 母草属 *Lindernia*。

【别名】 无。

【起源】 毛里求斯、马达加斯加、印度西部和南部、斯里兰卡。

【分布】 中国分布于浙江、广东、海南等地。

【入侵时间】 2007 年文献报道了圆叶母草在广东省的广州市和深圳市发现该物种的分布。2005 年首次在广东采集到该物种标本，此后在浙江（2015 年）有标本采集记录。

【入侵生境】 常生长于水田、菜地、池塘、沟渠、公园草地等生境。

【形态特征】 一年生草本植物，多少肉质（图 32.1）。

茎 茎多分枝，匍匐或斜生，匍匐茎节处生根，斜生茎，高达 20 cm；茎呈圆柱形，几无毛，在一侧有浅凹槽（图 32.2）。

图 32.2 圆叶母草茎（付卫东 摄）

叶 叶片呈宽卵形或圆形，长 5 ～ 13 mm，宽 4 ～ 12 mm，基部截平，先端圆钝，全缘，具基出脉 4 ～ 5 条，正面无毛，密具小腺点，背面被疏柔毛（图 32.3）。

图 32.3　圆叶母草叶（付卫东　摄）

花 花单生于叶腋，花梗长 5 ～ 15 mm，纤弱，无毛；花萼裂至基部，裂片多少等大，呈披针形，长 2.5 ～ 3.0 mm，宽约 1 mm，先端急尖，两面密具腺毛，腺毛干后易脱落；花冠长 10 ～ 15 mm，蕾时呈黄色，成熟时呈蓝白色，裂片上面及喉部内面具深蓝色斑块；冠管长 8 ～ 10 mm，两面无毛；上唇呈阔锥形，长约

5 mm，宽约 3 mm，顶端 2 浅裂；下唇 3 裂，裂片呈阔卵圆形或圆形，中裂片较侧裂片略大，长约 5 mm，宽约 4 mm。雄蕊 2 枚，着生于冠管中部，花丝长约 1.5 mm，无毛；退化雄蕊 2 枚，呈线形，长约 4 mm，顶端棒状，弯曲伸出于冠管之外，深蓝色；基部具黄色粗腺点，在花冠管上下延呈脊状，长约 6 mm。花柱无毛，长约 5 mm，花后延长；柱头呈薄片状（图 32.4）。

图 32.4　圆叶母草花（付卫东　摄）

果 **蒴果呈卵球形，长 2.5～3.5 mm，稍短于萼片或与萼片等长，无毛。种子呈矩圆形，长约 0.5 mm，淡褐色。**

【主要危害】 圆叶母草属无意引入。以营养繁殖和种子繁殖。花果期长，长势旺盛，种子产量大。成熟种子可能随风力、水流及草籽传播；根状茎节处生根，可扩大分布区域。圆叶母草生长迅速，竞争力强，易形成优势种群，影响生物多样性；在菜地和稻田常见，且不容易铲除，大量生长时会影响稻谷产量。可能在华南地区扩散（图 32.5）。

图 32.5 圆叶母草危害（付卫东 摄）

【控制措施】 加强对入侵生境的监测；若发现侵入自然生态系统，应在果实成熟前铲除。

33 小花十万错

【学名】小花十万错 *Asystasia gangetica* subsp. *micrantha* (Nees) Ensermu 隶属爵床科 Acanthaceae 十万错属 *Asystasia*。

图 33.1 小花十万错植株
(付卫东 摄)

【别名】无。

【起源】非洲。

【分布】中国分布于福建、广东、海南、云南、台湾等地。

【入侵时间】2010 年首次在福建采集到该物种标本，此后在广东 (2016 年)、海南 (2018 年)、云南 (2020 年) 有标本采集记录。

【入侵生境】常生长于农田、果园、弃用或休耕地、路边、荒地等生境。

【形态特征】多年生草本植物，植株高约 50 cm (图 33.1)。

茎 茎 4 棱、向上伸延（图 33.2）。

图 33.2　小花十万错茎（付卫东 摄）

33 小花十万错

叶 叶对生，叶柄长 1 ～ 4 cm；叶片呈卵形至椭圆形，长 5 ～ 11 cm，宽 2 ～ 5 cm，全缘或具微小圆齿（图 33.3）。

图 33.3　小花十万错叶（付卫东 摄）

花 总状花序长 3 ~ 4 cm；花冠呈一侧膨胀的管状，长 1.2 ~ 1.5 cm，白色，5 裂，最下瓣中央有一片紫斑（图 33.4）。

图 33.4 小花十万错花（付卫东 摄）

果 蒴果呈长圆形，长 1.8 ~ 2.0 cm；种子 2 ~ 4 颗，边缘无毛（图 33.5）。

图 33.5　小花十万错果（付卫东 摄）

【主要危害】 在澳大利亚、马来西亚、印度尼西亚和太平洋群岛等地暴发，已被列入威胁生物多样性和引起其他环境破坏的警惕性外来杂草名录；在马来西亚、印度尼西亚和太平洋群岛，已成为主要的外来农业杂草。由于生长迅速，在入侵地易形成高密度的单优种群，入侵种植园（香蕉、甘蔗、橡胶、菠萝蜜、椰子等），给农业生产及生态系统造成严重危害（图33.6）。

图 33.6 小花十万错危害（付卫东 摄）

【控制措施】 加强监测，控制扩散蔓延；对物种进行风险评估，确定风险和适生区；发现野生种群时应及时处置。

34 文定果

【学名】文定果 *Muntingia calabura* L. 隶属文定果科 Muntingiaceae 文定果属 *Muntingia*。

图 34.1 文定果植株
（王忠辉 摄）

【别名】南美假樱桃、牙买加樱桃、文丁果、文冠果、红灯果。

【起源】南美洲。

【分布】中国分布于福建、广东、广西、海南、台湾等地。

【入侵时间】1934 年首次在福建采集到该物种标本，此后在云南（1977 年）、广东（1972 年）、海南（1961 年）、香港（1950 年）、台湾（1982 年）有标本采集记录。

【入侵生境】喜光，喜温暖湿润气候；耐旱，不耐寒，对土壤要求不高。常生长于公园、荒地、路边、建筑垃圾堆、采石场等生境。

【形态特征】常绿小乔木，植株高达 5 ~ 8 m（图 34.1）。

茎 树皮光滑较薄，灰褐色；小枝被短腺毛（图 34.2）。

图 34.2　文定果茎（王忠辉 摄）

叶 叶纸质，被短腺毛；叶片呈长卵形或长椭圆状卵形，长 4 ~ 10 cm，宽 1.5 ~ 4.0 cm；掌状三出或五出脉，基部偏斜，具不规则锐锯齿（图 34.3）。

图 34.3 文定果叶（王忠辉 摄）

花 花 1 朵或 2 朵着生于叶腋或叶腋前面，萼片 5 枚，分离，长 10 ～ 12 mm，宽约 3 mm，两侧边缘内折而成舟状，先端有长尾尖，开花时花萼反折；花瓣 5 枚，白色，呈倒阔卵形，先端边缘波状，长 10 ～ 11 mm，宽约 9 mm，雄蕊多数；子房无毛，5 ～ 6 室，每室有胚珠多枚；柱头 5 ～ 6 浅裂，宿存（图 34.4）。

图 34.4　文定果花（王忠辉　摄）

34 文定果

果 浆果呈球形或近球形，直径约 1 cm，成熟时呈紫红色，无毛；种子呈椭圆形，微小（图 34.5）。

图 34.5　文定果果（王忠辉 摄）

【主要危害】文定果果实吸引鸟类觅食，通过鸟类活动过腹传播扩散，扩散速度快，影响当地生物多样性（图34.6）。

图 34.6　文定果危害（王忠辉　摄）

【控制措施】加强引种管理；在野外发现野生种群时，应加强监测，控制在一定范围内。

35 刺苞果

【学名】刺苞果 *Acanthospermum hispidum* DC. 隶属菊科 Asteraceae 刺苞果属 *Acanthospermum*（图 35.1）。

【别名】硬毛刺苞果。

【起源】南美洲。

图 35.1　刺苞果植株（张国良　摄）

【分布】中国分布于广东、海南、云南等地。

【入侵时间】“刺苞果”一名出自《中国高等植物图鉴》第四册（1975 年）。1936 年首次在云南采集到该物种标本。

【入侵生境】常生长于农田、河流、路边等生境。

【形态特征】一年生草本植物，植株高可达 60 cm。

根 根呈纺锤状（图 35.2）。

图 35.2　刺苞果根（①张国良　摄，②王忠辉　摄）

茎 茎直立，粗糙，少分枝，具硬毛和腺点（图 35.3）。

图 35.3　刺苞果茎（王忠辉　摄）

叶 叶无柄或具短柄；叶片呈长圆形或倒卵形，长 1 ～ 10 cm，宽 0.5 ～ 4.0 cm；叶正面和背面均具硬毛和腺点，边缘近全缘，波状或具粗锯齿（图 35.4）。

图 35.4 刺苞果叶（张国良 摄）

花 头状花序单生枝顶或叶腋，具短花序梗或近无梗（图 35.5）。

图 35.5　刺苞果花（张国良　摄）

果 刺苞果扁平，呈楔形，基部收狭，长 0.5 ～ 0.6 cm，顶端不内凹，具 2 根略叉开的顶刺，刺长 0.4 ～ 0.5 cm，直或钩状，外面具较短的钩状刺（图 35.6）。

图 35.6　刺苞果果（①张国良 摄，②王忠辉 摄）

35 刺苞果

【主要危害】刺苞果可能通过观光游客携带无意传入。以种子繁殖，刺果具钩刺，可挂在动物毛羽上或随交通工具传播。常危害幼龄果园、橡胶园及秋收作物，属一般杂草（图 35.7）。

图 35.7　刺苞果危害（王忠辉 摄）

【控制措施】若在野外发现野生植株，应在结果前及时清除；可选择草甘膦、氯氟吡氧乙酸等除草剂进行化学防治。

36 沼生金纽扣

【学名】沼生金纽扣 *Acmella uliginosa* (Sw.) Cass. 隶属菊科 Asteraceae 金纽扣属 *Acmella*。

【别名】无。

【起源】美洲热带地区。

【分布】中国分布于福建、广东、广西、海南、四川、云南、香港、台湾等地。

【入侵时间】2007 年中国台湾有文献报道。1968 年首次在中国香港采集到该物种标本。

【入侵生境】常生长于农田、溪边、路边、沼泽、牧场、草地等生境。

【形态特征】一年生草本植物，植株高 10 ~ 30 cm（图 36.1）。

图 36.1　沼生金纽扣植株
（王忠辉　摄）

茎 茎单生或从基部分枝，直立或偶匍匐，绿色至紫色，无毛或疏被毛（图 36.2）。

图 36.2　沼生金纽扣茎（王忠辉 摄）

叶 叶柄长约 1 cm；叶片呈披针形、狭卵形到卵形，长 1 ~ 5 cm，宽 3 ~ 25 mm，两面疏被毛，基部渐狭至楔形，边缘呈深波状，疏生纤毛，先端锐尖到渐尖（图 36.3）。

图 36.3　沼生金纽扣叶（王忠辉 摄）

花 头状花序呈辐射状，单生或2～3个顶生，呈卵圆形，大小约6 mm×5 mm；花序梗长1～3 cm，疏生柔毛；花托大小约4 mm×1 mm；舌状花4～7枚，花冠呈黄色到橙黄色，约3 mm；管状花多数，呈黄色到橙黄色，具4裂片；花冠长约1.5 mm，裂片呈三角形（图36.4）。

图36.4 沼生金纽扣花（①②张国良 摄，③④王忠辉 摄）

果 瘦果黑色，长约 1.5 mm，具缘毛；冠毛近等长。

【主要危害】 沼生金纽扣可能随园艺植物种子和农产品贸易携带无意传入。以种子繁殖，结实量大，有多种传播途径。瘦果有缘毛，可靠人类、动物活动和水流传播蔓延。可能成为农田杂草，并入侵湿地（图 36.5）。

图 36.5　沼生金纽扣危害（王忠辉 摄）

【控制措施】 加强检验检疫；野外发现逸生植株，应在结果前及时清除。

37 天文草

图 37.1　天文草植株
（①张国良 摄，
②王忠辉 摄）

【学名】 天文草 *Acmella ciliata*（Kunth）Cass. 隶属菊科 Asteraceae 金纽扣属 *Acmella*。

【别名】 无。

【起源】 南美洲及西印度群岛热带地区。

【分布】 中国分布于福建、广东、广西、海南、云南、台湾等地。

【入侵时间】《台湾原色药用植物图鉴》（1998 年）有记载。1979 年首次在福建采集到该物种标本。

【入侵生境】 常生长于农田、苗圃、溪边、路边、宅旁等生境。

【形态特征】 多年生草本植物，植株高 30 ～ 80 cm（图 37.1）。

茎 茎通常倾卧至上升，节上生根，绿色至紫色，无毛或疏被柔毛（图 37.2）。

图 37.2 天文草茎（①张国良 摄，②③④王忠辉 摄）

叶 叶柄长 0.7 ~ 4.0 cm，具狭翅，无毛或疏被柔毛；叶片呈卵形至宽卵形，长 2.3 ~ 7.5 cm，宽 1.0 ~ 5.9 cm，先端锐尖，边缘具小齿到粗齿，基部通常呈截形或心形，两面无毛或疏被柔毛（图 37.3）。

图 37.3　天文草叶（①张国良 摄，②③④王忠辉 摄）

花 花序梗长 1.0 ~ 7.4 cm，多少被柔毛；头状花序呈放射状，单生或 2 ~ 3 个顶生或腋生，呈宽卵球状，高 6.0 ~ 10.5 mm，直径 5.5 ~ 9.5 mm；总苞片 7 ~ 10 枚，2 层，外部序列 3 ~ 5 枚，呈狭卵形至宽卵形或椭圆形，长 4.0 ～ 6.9 mm，宽 1.0 ～ 2.3 mm，内层 3 ～ 6 枚，呈披针形至卵形或椭圆形，长 2.8 ～ 6.1 mm，宽 1.0 ～ 2.9 mm；花托高 3.8 ～ 7.4 mm，直径 0.8 ～ 1.9 mm；托片呈草黄色，长 3.0 ～ 4.5 mm，宽 0.4 ～ 0.8 mm；舌状花 5 ～ 10 朵，两性，花冠呈橙黄色，长 2.5 ～ 6.5 mm，筒部长 0.9 ～ 2.0 mm，檐部长 1.2 ～ 4.7 mm，宽 1.1 ～ 3.0 mm；盘花 90 ～ 177，两性，橙黄色，花冠 5 数，长 1.5 ～ 2.0 mm，筒部长 0.3 ～ 0.6 mm，檐部 5 裂，裂片呈三角形，长 0.2 ～ 0.4 mm，宽 0.2 ～ 0.3 mm（图 37.4）。

图 37.4　天文草花（①②张国良 摄，③④王忠辉 摄）

果 瘦果黑色，长 1.4 ~ 2.2 mm，宽 0.5 ~ 1.0 mm，无刺，边缘疏生或具较密的缘毛，边缘明显栓质化；冠毛通常缺失，有时为 2 根不等长或短于 1 mm 的短硬毛（图 37.5）。

图 37.5　天文草果（张国良 摄）

【主要危害】天文草可能为无意传入。以种子繁殖或分株繁殖，结实量大，有多种传播途径。瘦果有缘毛，可附着于衣服或动物体表蔓延，也可混杂于作物种子中传播，还可借助水流扩散。天文草能产生大量新植株，生长旺盛，可入侵农田和园圃成为杂草（图 37.6）。

图 37.6　天文草危害（①②张国良 摄，③④王忠辉 摄）

【控制措施】在野外发现逸生植株时，应在结果前及时清除。

38 秘鲁豚草

【学名】 秘鲁豚草 *Ambrosia peruviana* Willd 隶属菊科 Asteraceae 豚草属 *Ambrosia*（图 38.1）。

【别名】 无。

图 38.1　秘鲁豚草植株（张国良　摄）

【起源】中美洲和南美洲。

【分布】中国分布于贵州等地。

【入侵时间】2023 年在贵州惠水发现。

【入侵生境】常生长于荒地、牧场、路边、河岸等生境。

【形态特征】多年生草本植物，植株高 0.4 ～ 1.5 m。

根 **有时具主根，基部有时木质化（图 38.2）。**

图 38.2　秘鲁豚草根（张国良　摄）

茎 茎自主轴侧向分枝较少，表面被松散短硬毛（图38.3）。

图 38.3　秘鲁豚草茎（①张国良　摄，②王忠辉　摄）

叶 叶互生，具叶柄，叶柄长 1 ~ 4（~ 6）cm；叶片呈三角形至卵形，长 4 ~ 14 cm，宽 2 ~ 15 cm，正面绿色，被短硬毛，背面灰绿色，被短硬毛；叶缘裂片规则排列，叶端尖锐至针状（图 38.4）。

图 38.4　秘鲁豚草叶（①王忠辉 摄，②张国良 摄）

花 总状花序长 5 ～ 20（～ 28）cm，基部具苞片。雄性头状花序数量 10 ～ 100 枚，花序梗长 1 ～ 2 mm，侧向生长；雌性头状花序通常每束 1 ～ 5 朵，每轴 2 ～ 5 束，无梗，苞片通常长于花序。雄花总苞直径 2.0 ～ 3.5 mm，具浅裂片 5 ～ 7（～ 9）片，被毛；托片长约 1 mm，呈丝状；花冠长 1.5 ～ 2.0 mm，褐绿色；花药长约 1 mm，淡黄色，呈刺状或丝状。雌花花序在果实成熟前最长可达 3 mm，总苞果顶端具 1 mm 长的喙状突起；萼片 1 ～ 3 片，与子房融合；无花冠；花柱分枝，长约 2 mm（图 38.5）。

图 38.5　秘鲁豚草花（①王忠辉 摄，②张国良 摄）

果 瘦果呈梨形，长 2.5 ~ 4.0 mm，具有纵向和横向的肋纹，偶尔稀疏具腺点；顶端具刺 4 ~ 8 枚，长 0.5 ~ 1.5 mm，单列排列，基部宽，弯曲。

【主要危害】 具有化感作用，由于生长迅速，在入侵地区，抑制本地植物生长，影响生物多样性。种子可能作为污染物混入农产品，影响农产品质量。在中国，由于刚被发现，该植物的危害并没有表现出来，但具有取代本地植被的潜力（图 38.6）。

图 38.6 秘鲁豚草危害（张国良 摄）

【控制措施】 加强检疫；加强对入侵地的监测，控制扩散蔓延；对物种进行风险评估，确定风险等级和适生区域；控制引种，防止扩散蔓延；发现野生植株时应及时清除。

39 大花金鸡菊

【学名】 大花金鸡菊 *Coreopsis grandiflora* Hogg ex Sweet 隶属菊科 Asteraceae 金鸡菊属 *Coreopsis*（图 39.1）。

【别名】 大花波斯菊。

【起源】 美国。

【分布】 中国分布于山东、湖南、云南等地。

【入侵时间】 最早于 1932 年在山东采集到该物种标本。

图 39.1 大花金鸡菊植株（①王忠辉 摄，②张国良 摄）

首先在云南逸生。

【入侵生境】 喜肥沃、湿润、排水良好的砂质土壤，耐旱，耐寒，也耐热。常生长于路边、荒野等生境。

【形态特征】 多年生草本植物，植株高 20 ～ 100 cm。

茎 **茎直立，细长，下部常有稀疏的糙毛，上部有分枝**（图 39.2）。

图 39.2　大花金鸡菊茎（王忠辉　摄）

叶 叶对生；基部叶有长柄，呈披针形或匙形；下部叶羽状全裂，裂片呈长圆形；中部及上部叶 3 ~ 5 深裂，裂片呈线形或披针形，中裂片较大，两面及边缘有细毛（图 39.3）。

图 39.3　大花金鸡菊叶（王忠辉　摄）

花 头状花序单生于枝端，直径 4 ～ 5 cm，具长花序梗；总苞片外层较短，呈披针形，长 6 ～ 8 mm，顶端尖，有缘毛；内层呈卵形或卵状披针形，长 10 ～ 13 mm；托片呈线状钻形；舌状花 6 ～ 10 个，舌片宽大，黄色，长 1.5 ～ 2.5 cm；管状花长 5 mm，两性（图 39.4）。

图 39.4　大花金鸡菊花（王忠辉 摄）

果 瘦果呈长椭圆形或近圆形，长 2.5 ~ 3.0 mm，边缘具膜质宽翅，顶端具 2 短鳞片（图 39.5）。

图 39.5 大花金鸡菊果（王忠辉 摄）

【主要危害】 路边、荒野杂草，对景观、森林有负面影响（图 39.6）。

图 39.6 大花金鸡菊危害（王忠辉 摄）

【控制措施】 控制引种，防止扩散蔓延。若发现逸生种群时应及时清除。

40 伞房匹菊

【学名】伞房匹菊 *Pyrethrum parthenifolium* Willd. 隶属菊科 Asteraceae 匹菊属 *Pyrethrum*。

【别名】无。

【起源】中亚和西亚。

【分布】中国分布于江西、云南等地。

【入侵时间】"伞房匹菊"一名出自《中国植物志》76卷第1分册（1983年）。1933年首次在云南采集到该物种标本。

图 40.1　伞房匹菊植株（张国良　摄）

【入侵生境】常生长于路边、山坡等生境。

【形态特征】多年生草本植物，植株高约 60 cm（图 40.1）。

根 有短的直根。

茎 茎直立，自基部或中部以上分枝，有较多的叶。

叶 基生叶于花期枯萎；中上部茎生叶呈卵形，长 5 ～ 7 cm，宽 3 ～ 4 cm，二回羽状分裂，一回为全裂，侧裂片 3 ～ 4 对，呈长椭圆形或卵形，二回为羽状浅裂或深裂，裂片边缘全缘，或边缘或顶端有粗锯齿；花序下部的叶小，羽状分裂、3 裂或不裂，呈椭圆形或卵状椭圆形；全部叶有叶柄，基生叶的柄长达 10 cm，中上部茎叶的柄长 2 ～ 4 cm；叶绿色或暗绿色，两面沿叶脉有稀疏的短柔毛（图 40.2）。

图 40.2　伞房匹菊叶（张国良 摄）

40 伞房匹菊

花 头状花序多数或极多数，在茎枝顶端排成复伞房花序或复伞房圆锥花序，花梗长达 7 cm；总苞直径 6 ～ 8 mm，总苞片 3 ～ 4 层，硬草质；外层苞片呈披针形，长约 2.8 mm，几无膜质狭边；中内层呈长椭圆形或线状长椭圆形，长约 3 mm，边缘白色狭膜质；舌状花白色，舌片呈椭圆形，长 7 ～ 10 mm，宽约 3 mm，顶端 3 齿裂（图 40.3）。

图 40.3　伞房匹菊花（张国良　摄）

果 瘦果长约 1.5 mm；冠状冠毛长 0.2 mm，边缘具不规则钝浅齿裂（图 40.4）。

图 40.4　伞房匹菊果（张国良 摄）

40 伞房匹菊

【主要危害】 伞房匹菊通过人工引种栽培传入，人工栽培后逸生。以种子繁殖，种子具冠毛，可借助风力传播。为杂草，影响入侵地生物多样性（图 40.5）。

图 40.5　伞房匹菊危害（张国良 摄）

【控制措施】 控制引种，加强监测；若在野外发现野生植株，应在开花结果前及时清除。

41 百日菊

【学名】百日菊 *Zinnia elegans* Jacq. 隶属菊科 Asteraceae 百日菊属 *Zinnia*。

【别名】步步登高、节节高、鱼尾菊、火毡花、百日草。

【起源】墨西哥。

【分布】中国分布于北京、天津、河北、山西、内蒙古、辽宁、吉林、黑龙江、上海、江苏、浙江、安徽、福建、江西、山东、河南、湖北、湖南、广东、广西、重庆、四川、贵州、云南、西藏、陕西、甘肃、宁夏、新疆等地。

【入侵时间】1915 年首次在江苏采集到该物种标本，此后在北京（1924 年）、湖南（1924 年）、河北（1924 年、1929 年）、四川（1930 年、1932 年）、江西（1932 年）、云南（1933 年）、广西（1933 年）、广东（1935 年）有标本采集记录。

【入侵生境】常生长于荒地、路边、山坡、草地等生境。

【形态特征】一年生草本植物，植株高 30 ～ 100 cm（图 41.1）。

41 百日菊

图 41.1　百日菊植株（王忠辉 摄）

茎 茎直立，被糙毛或长硬毛（图 41.2）。

图 41.2　百日菊茎（王忠辉　摄）

叶 叶片呈宽卵圆形或长圆状椭圆形，长 5 ~ 10 cm，宽 2.5 ~ 5.0 cm，基部抱茎，两面粗糙，背面被密的短糙毛，基出三脉（图 41.3）。

图 41.3　百日菊叶（王忠辉 摄）

花 头状花序直径 5.0 ~ 6.5 cm，单生枝端，无中空肥厚的花序梗；总苞呈宽钟状，总苞片多层，呈宽卵形或卵状椭圆形，外层长约 5 mm，内层长约 10 mm，边缘黑色；托片上端有延伸的附片，附片紫红色，呈流苏状三角形；舌状花深红色、玫瑰色、紫堇色或白色，舌片呈倒卵圆形，先端 2 ～ 3 齿裂或全缘，上面被短毛，下面被长柔毛；管状花黄色或橙色，长 7 ～ 8 mm，先端裂片呈卵状披针形，上面被黄褐色密茸毛（图 41.4）。

图 41.4　百日菊花（王忠辉　摄）

果 雌花瘦果呈倒卵圆形，长 6 ～ 7 mm，宽 4 ～ 5 mm，扁平，腹面正中和两侧边缘各有 1 棱，顶端呈截形，基部狭窄，被密毛；管状花瘦果呈倒卵状楔形，长 7 ～ 8 mm，宽 3.5 ～ 4.0 mm，极扁，被疏毛，顶端有短齿。

【主要危害】 具一定的入侵性，逸生后影响生物多样性（图 41.5）。

图 41.5　百日菊危害（王忠辉 摄）

【控制措施】 加强引种管理；若发现野外种群，应及时清除。

42 糙毛狮齿菊

【学名】糙毛狮齿菊 *Leontodon hispidus* L. 隶属于菊科 Asteraceae 狮齿菊属 *Leontodon*。

【别名】无。

【起源】欧洲的大部分地区、小亚细亚、高加索地区和伊朗。

【分布】中国分布于山东等地。

【入侵时间】2016 年在山东威海发现。2016 年首次在山东采集到该物种标本。

【入侵生境】常生长于山坡草地、路边、田野、河滩等生境。

【形态特征】多年生草本植物，植株高 10 ~ 60 cm（图 42.1）。

图 42.1 糙毛狮齿菊植株
（张国良 摄）

42 糙毛狮齿菊

根 主根不明显，侧根相对发达，呈浅棕色。

叶 叶莲座状基生，叶片呈倒披针形或倒卵状披针形，长 5 ～ 15 cm，宽 0.5 ～ 4.0 cm，边缘呈粗糙齿状，羽齿深裂，顶端裂片略大，呈三角形或三角状戟形，每侧裂片 4 ～ 10 片，基部渐狭成叶柄，叶表面通常具较多的粗糙硬毛，毛顶端通常 2 ～ 3 裂（图 42.2）。

图 42.2 糙毛狮齿菊叶（张国良 摄）

花 花葶多个，长于叶，高 20 ～ 30 cm，基部无毛或密被长硬毛，每个花葶上端具一个头状花序，直径 1 ～ 2 cm；总苞呈钟状，长 7 ～ 13 mm，绿色，苞片上无毛或有毛，可分为无毛型、疏毛型和多毛型，总苞上具内外两轮苞片，差异显著，外轮苞片分为不明显的两层，10 ～ 12 枚，长 1 ～ 3 mm，基部淡绿色，先端紫红色；内轮苞片近等长，排成 1 轮，约 13 枚，披针形，长 6 ～ 10 mm；头状花序具 30 ～ 50 片舌状花，舌片长约 8 mm，宽约 3 mm，黄色，边缘花舌片背面具紫黑色条纹；聚药雄蕊及柱头黄色（图 42.3）。

图 42.3　糙毛狮齿菊花（张国良 摄）

42 糙毛狮齿菊

果 瘦果呈纺锤形，先端密布短喙状凸起，早期嫩绿色，成熟时变暗褐色，长 3 ～ 5 mm，宽 1.0 ～ 1.5 mm，纤细；冠毛具两型，外部冠毛呈鬃状鳞型，王冠状；内部为长羽状冠毛，长约 6 mm，浅褐色。

图 42.4　糙毛狮齿菊危害（张国良　摄）

【主要危害】 草坪杂草，由于花期长，果实小，产量高、质量轻，且具有羽状冠毛，易随着人类活动和借助风力进行传播（图 42.4）。

【控制措施】 对糙毛狮齿菊进行风险评估，确定适生区域。野外发现逸生种群时，应加强监测管理，若形成危害，应立即铲除。

43 黄花蔺

【学名】 黄花蔺 *Limnocharis flava*（L.）Buchenau 隶属泽泻科 *Limnocharis* 黄花蔺属 *Sagittaria*（图 43.1）。

【别名】 无。

【起源】 美洲。

【分布】 中国分布于广东、海南、贵州、云南、香港、澳门等地。

图 43.1 黄花蔺植株（张国良 摄）

【入侵时间】《香港植物名录》(1978 年)收录了该物种。《云南植物志》(1986 年),记录了该物种在云南分布于西双版纳,可能从缅甸或泰国传入。1957 年首次在云南采集到该物种标本。

【入侵生境】 常生长于撂荒田、池塘、水稻田、沼泽、湿地等生境。

【形态特征】 多年生水生草本植物。

叶 **叶丛生,挺出水面;叶片呈卵形至近圆形,先端圆形或微凹,基部钝圆或呈浅心形,背面近顶部具 1 个排水器;叶脉 9 ~ 13 条,横脉极多数,平行;叶柄粗壮,呈三棱形,长 20 ~ 65 cm(图 43.2)。**

图 43.2　黄花蔺叶(张国良　摄)

花 花葶基部稍扁，上部呈三棱形；伞形花序有花 2 ~ 15 朵，有时具 2 叶；苞片绿色，具平行细脉；花梗长 2 ~ 7 cm；内轮花瓣状花被片呈淡黄色，基部黑色，呈宽卵形至圆形，蕾时纵褶，先端圆形，长 2 ~ 3 cm，宽 1 ~ 2 cm；雄蕊多数，短于花瓣，退化雄蕊呈黄绿色，花丝绿色，部分在果期宿存；雌蕊黄绿色（图 43.3）。

图 43.3 黄花蔺花（张国良 摄）

果 果呈圆锥形，直径 1.5 ～ 2.0 cm，为宿存萼片状花被片所包。种子多数，褐色或暗褐色，呈马蹄形，具多条横生薄翅（图 43.4）。

图 43.4　黄花蔺果（张国良 摄）

【主要危害】 黄花蔺可能是植物园作为观赏植物引入，后逃逸到自然水域中；也可能是自缅甸或泰国顺河流自然传入云南。以种子繁殖或以营养芽无性繁殖。有性繁殖能力强，种子产量大，每个果实能产生约 1000 粒种子，种子萌发率可达 70%；在种子成熟前，黄花蔺花序顶端可形成营养芽，在花序倒伏于泥土中或水面上，营养芽基部可长根定植于泥土中，发育成新的植株，每一个母株一年可产生 6 ～ 12 个新的植株。近距离扩散以营养繁殖形成的新植株完成，长距离扩散或占领新生境以及抵抗干旱则依靠种子传播。入侵水塘和湿地等生境，影响水体和湿地生物多样性；入侵水稻田等，危害水生农作物生长，影响产量，造成经济损失；入侵沟渠，影响水路畅通。

【控制措施】 严格管理引种栽培，防止逃逸；加强入侵地邻近水生生态系统的监测，若发现该物种种群，应及时清除；对于已经入侵的种群，宜用人工拔除，拔除植株应统一收集作无害化处理；可种植芦苇、红蓼等本地植物进行替代控制。

44 韭莲

【学名】韭莲 *Zephyranthes carinata* Herb. 隶属石蒜科 Amaryllidaceae 葱莲属 *Zephyranthes*（图 44.1）。

【别名】红花葱兰、风雨花、韭兰。

【起源】墨西哥、危地马拉。

【分布】中国分布于福建、江西、广东、广西、重庆、四川、贵州、云南等地。

图 44.1　韭莲植株（王忠辉　摄）

【入侵时间】《植物名汇拾遗》(1920 年)对该物种有记载，其中文名为“葱兰”。《广州植物志》(1956 年)也有记载。1918 年首次在福建采集到该物种标本，此后在江苏(1926 年)、浙江(1927 年)、四川(1932 年)、广东(1933 年)有标本采集记录。

【入侵生境】 常生长于荒地、路边、农田等生境。

【形态特征】 多年生草本植物。

茎 **鳞茎呈卵球形，直径 2 ~ 3 cm(图 44.2)。**

图 44.2　韭莲茎(王忠辉　摄)

叶 基生叶常数枚簇生，呈线形，扁平，长 15 ~ 30 cm，宽 6 ~ 8 mm（图 44.3）。

图 44.3　韭莲叶（王忠辉 摄）

花 花单生于花茎顶端，下有佛焰苞状总苞，总苞片常带淡紫红色，长 4 ~ 5 cm，下部合生成管；花梗长 2 ~ 3 cm；花呈玫瑰红色或粉红色，漏斗状，干后为青紫色；花被管长 1.0 ~ 2.5 cm，花被裂片 6，裂片呈倒卵形，顶端略尖，长 3 ~ 6 cm；雄蕊 6，长为花被的 2/3 ~ 4/5，花药“丁”字形着生；子房下位，3 室，胚珠多数，花柱细长，柱头深 3 裂（图 44.4）。

图 44.4　韭莲花（王忠辉 摄）

果 **蒴果近球形，成熟时背部3裂。种子黑色，近扁平。**

【主要危害】 韭莲作为观赏花卉引入。以种子繁殖或以鳞茎无性繁殖，但在中国引种栽培的韭莲常常开花而无籽，极少结果，主要依靠鳞茎进行无性繁殖。地下鳞茎内侧基部产生小鳞茎，极易分离扩散，形成新植株，无性繁殖能力强。主要随人为引种栽培而传播，鳞茎块可随农业活动、带土苗木和土壤运输等过程传播。假韭无性繁殖能力强，植株易成活，易形成密度较大的种群，入侵果园、种植园等生境，危害原生植被，影响生物多样性（图44.5）。

2

图 44.5　韭莲危害（王忠辉 摄）

【控制措施】 规范引种栽培，严格管理种植区域，禁止随意丢弃；物理防控时应注意将基鳞茎彻底挖出并清除。

45 白花紫露草

图 45.1 白花紫露草植株（①张国良 摄，②王忠辉 摄）

【学名】 白花紫露草 *Tradescantia fluminensis* Vell. 隶属鸭跖草科 Commelinaceae 紫万年青属 *Tradescantia*。

【别名】 白花紫鸭跖草、巴西水竹草、紫叶水竹草。

【起源】 巴西至阿根廷的热带雨林地区。

【分布】 中国分布于福建、江西、广东、重庆、台湾等地。

【入侵时间】 "白花紫露草"早期记载于《青岛种子植物名录》(1956 年)，《台湾植物名录》(1982 年)有记载。1970 年首次在中国台湾采集到该物种标本。

【入侵生境】 喜潮湿荫蔽生境和肥沃土壤，常生长于路旁、河边、园林绿地、林缘等生境。

【形态特征】 多年生常绿草本植物，植株高可达 90 cm（图 45.1）。

根 宿根，匍匐茎节上着生不定根。

茎 茎匍匐或略上升生长，表面光滑，茎节略膨大（图 45.2）。

图 45.2　白花紫露草茎（王忠辉 摄）

45 白花紫露草

叶 叶互生，叶片呈长圆形或卵状长圆形，长 3 ~ 6 cm，先端尖；叶背面深紫堇色，仅叶鞘上端有毛，具白色条纹；叶柄较短（图 45.3）。

图 45.3　白花紫露草叶（王忠辉　摄）

花 复聚伞花序，花小，为 2 个不等的叶状苞片包被；花萼绿色，呈卵形，花瓣白色，呈卵形至椭圆形；花两性，雄蕊 6 枚，均可育，花丝白色，基部密被白色的胡须状柔毛，花药黄色（图 45.4）。

图 45.4 白花紫露草花（王忠辉 摄）

果 果为蒴果，具3室，每室具1粒或2粒种子；种子黑色，表面粗糙（图45.5）。

图45.5 白花紫露草果（张国良 摄）

【主要危害】 白花紫露草茎节处易生根，形成新的植株，生长迅速，能很快覆盖地面，影响本地植物萌发和生长。该物种常入侵受干扰的林地，尤其是林缘或林冠间隙下的区域，严重影响生物多样性（图 45.6）。

图 45.6　白花紫露草危害（①张国良 摄，②王忠辉 摄）

【控制措施】 加强引种栽培管理，规范种植措施；增加地表覆盖率，可有效防止侵入；若为小面积种群，可直接人工拔除，但须妥善处理植株片段；可选择三氯吡氧乙酸等除草剂进行化学防治。

46 圆柱山羊草

图 46.1 圆柱山羊草植株
（①张国良 摄，②王忠辉 摄）

【学名】 圆柱山羊草 *Aegilops cylindrica* Host 隶属禾本科 Poaceae 山羊草属 *Aegilops*。

【别名】 具节山羊草、挨节落。

【起源】 欧洲南部和西亚。

【分布】 中国分布于北京、河北、陕西、青海、新疆等地。

【入侵时间】 1958 年首次在北京采集到该物种标本，此后在陕西（1981 年）、河北（2013 年）、新疆（2015 年）有标本采集记录。

【入侵生境】 常生长于农田、荒地等生境。

【形态特征】 一年生草本植物，植株高 50 ～ 60 cm（图 46.1）。

茎 秆无毛，4～5节，直径约2 mm（图46.2）。

图46.2　圆柱山羊草茎（①张国良　摄，②王忠辉　摄，③付卫东　摄）

叶 叶鞘包茎，短于节间，叶舌膜质，长约1 mm；叶片长7～14 cm，宽2～3 mm，两面疏生细毛（图46.3）。

图46.3　圆柱山羊草叶（王忠辉　摄）

46 圆柱山羊草

花 穗状花序长 10 ~ 15 cm（连同芒），直径 4 ~ 5 mm；穗轴节间长 0.8 ~ 1.0 cm，扁平，具凹陷，小穗嵌于穗轴凹陷内。颖呈长圆形，长 7 ~ 8 mm，8 ~ 9 脉，脉具小刺毛，顶具 2 齿，外侧者延伸成长 0.5 ~ 2.0 mm 的芒，穗顶部者长达 5 cm，内侧钝圆，不显著。外稃呈披针形，长约 1 cm，5 脉，先端 3 齿裂，中间者具长 1 ~ 2 mm 尖头，两侧齿钝圆；内稃稍短于外稃，两脊具细纤毛（图 46.4）。

图 46.4　圆柱山羊草花（①张国良　摄，②③付卫东　摄）

果 颖果呈长卵状椭圆形，长 5.0 ~ 8.2 mm，宽 2.2 ~ 3.0 mm，褐黄色；腹面具纵沟，顶端具黄褐色茸毛；胚小，呈椭圆形（图 46.5）。

图 46.5　圆柱山羊草果（张国良 摄）

46 圆柱山羊草

【主要危害】 对小麦等旱地作物具有显著的危害性。圆柱山羊草通过争夺水分、肥力资源，导致作物减产。如果圆柱山羊草混入作物种子中，3～5 年后其混杂率可达 50%～70%，甚至 10% 的混杂率就能使作物减产 50%（图 46.6）。

图 46.6　圆柱山羊草危害（①②张国良 摄，③付卫东 摄，④王忠辉 摄）

【控制措施】 加强检疫；深耕土壤，精选良种、中耕除草；可选择甲基二磺隆、异丙隆、草甘膦等除草剂进行化学防治。

47 巴拉草

【学名】 巴拉草 *Brachiaria mutica*（Forssk.）Stapf 隶属禾本科 Poaceae 臂形草属 *Brachiaria*。

图 47.1　巴拉草植株
（王忠辉　摄）

【别名】 疏毛臂形草、无芒臂形草。

【起源】 非洲西部和北部的热带地区。

【分布】 中国分布于福建、广东、海南、香港、台湾等地。

【入侵时间】 20 世纪 40 年代巴拉草作为热带牧草引入中国台湾栽培，1964 年引种到海南栽培。1942 年文献报道了巴拉草在台湾的分布情况。1931 年首次在台湾采集到该物种标本，此后在台湾（1933 年）、香港（1968 年）有标本采集记录。

【入侵生境】 常生长于橡胶园、林缘、路旁、河岸、溪流、沟渠、湿地等生境。

【形态特征】 多年生草本植物，植株高 1.5 ～ 2.5 m（图 47.1）。

茎 秆粗壮，直径 5 ～ 8 mm，茎下部节间生根，节上有毛（图 47.2）。

图 47.2 巴拉草茎（王忠辉 摄）

叶 叶鞘被疣毛，叶舌膜质，长 1.0 ～ 1.3 mm；叶片扁平，长 10 ～ 30 cm，宽 1 ～ 2 cm，基部或边缘多少有毛（图 47.3）。

图 47.3　巴拉草叶（王忠辉　摄）

花 圆锥花序长 7～20 cm，由 10～15 枚总状花序组成，总状花序长 5～10 cm；小穗呈椭圆形，绿色或紫色，长 2.5～3.5 mm；通常孪生，交互成两行排列于穗轴之一侧；第一颖呈三角形，具 1 脉，长约为小穗的 1/4～1/3，第二颖等长于小穗，具 5 脉，第一小花雄性，其外稃长约 3 mm，具 5 脉，有近等长的内稃；第二外稃骨质，呈椭圆形，先端钝；雄蕊 3 枚，子房无毛，花柱基分离，长约 2 mm（图 47.4）。

图 47.4　巴拉草花（王忠辉 摄）

47 巴拉草

【主要危害】 巴拉草作为热带牧草引种进入中国境内。以种子繁殖或匍匐茎繁殖。具匍匐茎，根系发达，生长迅速，侵占性强，其茎枝可通过无性繁殖迅速蔓延；种子结实率较低，种子繁殖不占优势。主要随人为引种栽培而传播，被用作牧草远距离传播，其种子和茎段能通过洪水或水利系统传播，也可通过水鸟和牛等动物携带传播，传播能力强。巴拉草在多个热带国家被认为是重要的农业杂草之一，由于生长迅速，侵占性强，能在入侵生境形成密集的单优群落，排挤原生植物，破坏水鸟和鱼类的栖息地，降低生物多样性（图 47.5）。

图 47.5　巴拉草危害（王忠辉　摄）

【控制措施】 加强引种栽培管理，规范种植措施，禁止随意遗弃；对于在沟渠、农田等小范围的逸生种群，可选择草甘膦等除草剂进行化学防治；对于河岸、湿地、湖泊自然生境中的严重入侵的群落，可刀割或火烧后，利用水淹处理来达到防除目的。

48 非洲虎尾草

【学名】 非洲虎尾草 *Chloris gayana* Kunth 隶属禾本科 Poaceae 虎尾草属 *Paspalum*（图 48.1）。

【别名】 盖氏虎尾草、无芒虎尾草。

【起源】 非洲。

【分布】 中国分布于北京、天津、福建、广东、台湾等地。

图 48.1　非洲虎尾草植株（王忠辉 摄）

【入侵时间】中国引种栽培，1918 年首次在中国采集到该物种标本，采集地不详。

【入侵生境】常生长于荒地、路旁、农田、沟渠等生境。

【形态特征】多年生草本植物，具长匍匐枝，植株高 100 ～ 150 cm。

茎 **秆坚硬，多少压扁（图 48.2）。**

图 48.2 非洲虎尾草茎（王忠辉 摄）

叶 叶鞘无毛，鞘口具柔毛；叶舌长约 1 mm，具细纤毛；叶片长达 30 cm，宽 3 ~ 10 mm（图 48.3）。

图 48.3 非洲虎尾草叶（王忠辉 摄）

花 穗状花序数枚至 10 余枚簇生于秆顶，长约 10 cm；小穗灰绿色，长 4.0 ～ 4.5 mm。颖膜质，具 1 脉；第一颖长约 2 mm，第二颖长约 3 mm；第一外稃长 3.0 ～ 3.5 mm，基盘及边脉具柔毛，脊的两侧具短毛，芒自近顶端以下伸出，长约 4 mm。内稃顶端微凹，稍短于外稃。花药呈浅黄色，长约 2 mm；不孕外稃 2 ～ 3 枚，第一枚较窄狭，先端尖而微凹，长约 2.5 mm，具长约 3 mm 的芒（图 48.4）。

图 48.4　非洲虎尾草花（王忠辉　摄）

果 颖果（图 48.5）。

图 48.5　非洲虎尾草果（王忠辉 摄）

【主要危害】 逸生为杂草，易形成单一优势种群，影响景观，破坏入侵地的生态环境，降低生物多样性（图48.6）。

图 48.6　非洲虎尾草危害（王忠辉　摄）

【控制措施】 加强引种管理；对已入侵的区域，应加强监测，防止扩散蔓延；发现野生种群时，应及时处置；发生面积较大时，可选择草甘膦等除草剂进行化学防治。

49 大黍

【学名】大黍 *Panicum maximum* Jacq. 隶属禾本科 Poaceae 黍属 *Panicum*。

【别名】羊草、坚尼草、天竺草、普通大黍。

【起源】东非热带地区。

【分布】中国分布于福建、广东、广西、海南、云南、香港、台湾等地。

【入侵时间】1908 年从菲律宾引入台湾，20 世纪 30 年代传入广州。1931 年在广东采集到该物种标本。

【入侵生境】生于草丛、林缘、疏林下、路边等生境。

【形态特征】多年生簇生高大草本植物（图 49.1）。

图 49.1　大黍植株（王忠辉　摄）

茎 根茎肥壮，秆直立，高 1 ~ 3 m，粗壮，光滑，节上密生柔毛（图 49.2）。

图 49.2　大黍茎（王忠辉 摄）

叶 叶鞘疏生疣基毛；叶舌膜质，长约 1.5 mm，顶端被长睫毛；叶片呈宽线形，长 20 ～ 60 cm，宽 1.0 ～ 1.5 cm，上面近基部被疣基硬毛，边缘粗糙，顶端长渐尖，基部宽，向下收狭呈耳状或圆形（图 49.3）。

图 49.3　大黍叶（王忠辉 摄）

花 圆锥花序大而开展，长 20 ～ 35 cm，分枝纤细，下部的轮生，腋内疏生柔毛；小穗呈长圆形，长约 3 mm，顶端尖，无毛；第一颖呈卵圆形，长约为小穗的 1/3，具 3 脉，侧脉不甚明显，顶端尖，第二颖呈椭圆形，与小穗等长，具 5 脉，顶端喙尖；第一外稃与第二颖同形、等长，具 5 脉，其内稃薄膜质，与外稃等长，具 2 脉，有 3 雄蕊，花丝极短，白色，花药暗褐色，长约 2 mm；第二外稃呈长圆形，革质，长约 2.5 mm，与其内稃表面均具横皱纹；鳞被长约 0.3 mm，宽约 0.38 mm，具 3 ～ 5 脉，局部增厚，肉质，折叠（图 49.4）。

图 49.4　大黍花（王忠辉　摄）

果 颖果呈椭圆形，长 2 ~ 3 mm，连带颖片和稃片（图 49.5）（表 4）。

图 49.5　大黍果（王忠辉 摄）

表 4　与近似种形态特征比较

形态	铺地黍（图 49.6）	大黍
生物型	多年生草本	多年生簇生高大草本
茎	根茎粗壮发达，质地坚硬，植株高 50 ~ 100 cm	根茎粗壮，高 1 ~ 3 m，粗壮，光滑，节上密生柔毛
叶	叶鞘光滑，叶舌顶端被睫毛，叶片呈线形	叶鞘疏生疣基毛，叶片呈宽线形
花	圆锥花序开展，小穗具柄，呈长圆形	圆锥花序大而开展，下部的轮生，腋内疏生柔毛；小穗呈长圆形

续表

形态	铺地黍	大黍
果	颖果呈长卵形，长约 2 mm	颖果呈椭圆形，长 2～3 mm

图 49.6　铺地黍植株（王忠辉 摄）

【主要危害】对环境的适应能力较强，植株较高大，生长迅速，有较强的竞争能力，排挤当地的植物种类（图49.7）。

图 49.7 大黍危害（王忠辉 摄）

【控制措施】人工清除；可选择草甘膦等除草剂防除。

50 水蜈蚣

【学名】水蜈蚣 *Kyllinga polyphylla* Kunth 隶属莎草科 Cyperaceae 水蜈蚣属 *Kyllinga*（图 50.1）。

【别名】多叶水蜈蚣、香根水蜈蚣。

【起源】印度洋群岛、马达加斯加和非洲大陆的热带地区。

【分布】中国分布于福建、浙江、广东、四川、贵州、香港、台湾等地。

【入侵时间】可能于 2000 年前后无意传入。2008 年中

图 50.1　水蜈蚣植株（王忠辉 摄）

国台湾有文献报道水蜈蚣在台湾北部归化。《台湾水生植物》(第一卷)(2000 年)收录。2000 年首次在中国台湾采集到该物种标本，此后在台湾(2007 年)、贵州(2006 年)等地有标本采集记录。

【入侵生境】 常生长于河边、湿地、路旁、草地等生境。

【形态特征】 多年生草本植物，植株高 25 ~ 90 cm。

茎 **根状茎匍匐，粗而长，节间短，被棕色或紫色鳞片；茎多数，散生，从根状茎的每一个节上抽出，呈三棱形，光滑，基部鳞茎状，被长鞘。不具匍匐根状茎；秆丛生，直立(图 50.2)。**

图 50.2 水蜈蚣茎(王忠辉 摄)

叶 叶鞘呈圆筒状，略带紫色，边缘干膜质，鞘口呈斜截形，顶端具短尖，鞘顶部具 1 ～ 2 个叶片；叶片长 3 ～ 15 cm，宽 2 ～ 6 mm，平展，前端边缘具细锯齿（图 50.3）。

图 50.3　水蜈蚣叶（王忠辉 摄）

花 总苞片5～8枚，叶状，长约15 cm，平展或稍有反折；穗状花序1～3，呈半球形至近球形，长6～12 mm，宽6～8 mm，具极多数密生小穗；小穗呈狭椭圆状卵形，长约3 mm，具1～2朵花；鳞片草质，长3～4 mm，呈卵状披针形，具锈褐色条纹，先端短尖，具5～7条脉，中脉多少具刺；雄蕊3枚，花药呈线形；药隔突出；花柱长，柱头2枚，短于花柱（图50.4）。

图50.4 水蜈蚣花（王忠辉 摄）

果 小坚果呈长圆形或倒卵球形或长圆形，平凸状，长约为鳞片的 1/2，初期黄白色，成熟时黑色，密生微突起细点，顶端具短尖（图 50.5）。

图 50.5 水蜈蚣果（王忠辉 摄）

50 水蜈蚣

【主要危害】 水蜈蚣未见引种栽培记录，可能是无意传入境内，首次传入地为中国台湾。以根茎进行无性繁殖为主，也可以种子繁殖。种子和根茎可随农作物、绿化苗木或土壤运输等途径传播。水蜈蚣生长迅速，扩散速度快，易形成单优种群，具有很强的竞争性和入侵性，尤其在牧场、草原、草坪以及农田等生境内生长旺盛，形成致密的种群，排挤本地植物，与作物竞争资源，影响当地生物多样性和作物的生长（图 50.6）。

图 50.6 水蜈蚣危害（王忠辉 摄）

【控制措施】 水蜈蚣不耐荫，可用本地大型草本植物替代；对于小面积发生的种群，在开花结果前将其彻底挖除并晒干或烧毁。